2024年
9月刊行！

光るのはホタルだけじゃない！
知られざる発光生物たちの魅力を余すことなく紹介。

ホタル，きのこ，深海魚……
世界は光る生き物でイッパイだ

発光生物のはなし

■編集者
大場裕一　中部大学応用生物学部 教授

●したしむ物理工学●

したしむ
電子物性

志村 史夫 著

朝倉書店

まえがき

現代が情報化社会，エレクトロニクス時代と呼ばれるようになってからすでに久しい．「エレクトロニクス（electronics）」とは，電子すなわちエレクトロン（electron）の性質や挙動を利用した技術や学問のことである．

一般家庭にはマイクロコンピューター（マイコン）内蔵のさまざまな電気器具がある．飛行機や鉄道，自動車など日常の交通・運送手段はコンピューターによって制御されている．あらゆる職場には，オフィス・コンピューター，複写機，ワードプロセッサー（ワープロ），インターネットや電子メールなどの情報通信機器などが導入され，オフィスはオートメーション化されている．多機能を有する携帯電話は「現代人」の必需品であろう．また，これら多種多様な機器や製品の製造自体がコンピューターなしには成り立たなくなっている．さらに，政治・経済・社会の中枢がコンピューターによって「管理」されていることはいうまでもない．

このように，仕事，余暇活動，知的活動，医療，健康管理，などなど，現代人の生活をエレクトロニクス抜きに語るのは，もはや不可能である．人類史を眺めてみれば，さまざまな「革命」があることに気づくが，エレクトロニクスが人間の生活に，人類史上最大の変革をもたらした，といっても過言ではないと思う．

前述のように，「エレクトロニクス（electronics）」とは，電子すなわちエレクトロン（electron）の性質や挙動を利用した技術や学問のことである．一応「電子工学」という訳語があるが，そのような訳語が何となくチグハグな，旧時代的な響きを与えるほど，「エレクトロニクス」という言葉が一般社会にも浸透している．ともあれ，エレクトロニクスはありとあらゆる分野の科学と先端技術の賜物であるが，突き詰めて考えれば，それは，電子（electron）の「はたらき」に端を発するものである．

実は，電子の「はたらき」はエレクトロニクスに限られるものではないのである．というより，ある意味では，われわれの生活において，エレクトロニクスなどは「末梢的」なことですらある．周知のように，われわれの身体を含むすべての物質・物体は原子が結合することによって形成されるのであるが，この結合の担い手が，何を隠そう，電子である．つまり，この地球上の，そして多分，全宇宙空間のすべての物質の形成に欠かせないのが電子であり，すべての物質の性質を決めているのも電子なのである．

本書は，そのような電子の「はたらき」(ちょっと気取っていうと「電子物性」)について述べるものである(しかし，電子物性の重要なテーマの一つである「磁性」については，すでに本シリーズ『したしむ磁性』で詳しく述べてあるので，そちらを読んでいただくとして本書では扱わない)．筆者の意図は，本「したしむシリーズ」全体の意図でもあるが，読者に「電子」そして「電子物性」にしたしんでもらうことである．そして，現代の「エレクトロニクス文明」の根幹について想いを巡らせてもらうことである．まあ，筆者としては，電子，ひいては物質というものの神秘性を感じていただければ十分である，というのが正直な気持ちなのであるが．

本シリーズ『したしむ量子論』でも触れたように，電子はいわば「量子論的粒子」であり，その厳密な取扱いには量子力学の波動方程式に集約されるような数学・数式が必要なのであるが，あくまでも「電子，電子物性にしたしんでもらう」ことを目的とする本書においては，視覚的，感覚的な理解に重点をおきたいと思う．読者にとって，本書がさらなる厳密な理解に進むためのワン・ステップになってくれることを筆者は期待する．

最後に，筆者の意図を理解し，本書の出版に御協力いただいた朝倉書店企画部，編集部の各位に御礼申し上げたい．また，本書で用いた図の作成に協力してくれた静岡理工科大学大学院生の伊藤辰巳君にも深く感謝したい．

2002年7月19日

志村史夫

目　次

1.　序　論 ……………………………………………………………… 1
1.1　電子材料　2
1.2　電気と電子　7
チョット休憩●1　ロウソクの科学　10
演習問題　11

2.　電子物性の基礎 ……………………………………………………13
2.1　電子と結合　14
2.1.1　原子の構造　14
2.1.2　電　子　20
2.1.3　原子の結合　29
2.2　結晶と電子のエネルギー　36
2.2.1　結　晶　36
2.2.2　電子のエネルギー　39
チョット休憩●2　湯川秀樹の中間子理論と“霊感”　45
演習問題　46

3.　導電性 ……………………………………………………………47
3.1　電気伝導　48
3.1.1　電気伝導の基本　48
3.1.2　電気伝導のメカニズム　52
3.2　超伝導　63
3.2.1　超伝導現象　63
3.2.2　超伝導のメカニズム　68

チョット休憩● 3　偉業の背景にある師弟関係　75
演習問題　76

4.　誘電性と絶縁性 ……………………………………………77
4.1　誘電特性　78
4.1.1　分極と誘電率　78
4.1.2　強誘電現象　84
4.1.3　圧電効果と焦電効果　88
4.2　絶縁特性　90
4.2.1　絶縁破壊　90
4.2.2　絶縁劣化　94
チョット休憩● 4　火打石　95
演習問題　97

5.　半導体物性 ……………………………………………99
5.1　半導体の電気伝導　100
5.1.1　両極性伝導　100
5.1.2　半導体中の電流　104
5.2　真性半導体と外因性半導体　110
5.2.1　真性半導体　110
5.2.2　外因性半導体　116
5.3　半導体素子の基礎　127
5.3.1　pn 接合　127
5.3.2　トランジスター　133
チョット休憩● 5　トランジスターとエレクトロニクス文明　138
演習問題　139

6.　電子放出と発光 ……………………………………………141
6.1　電子放出　142
6.1.1　固体の電子放出　142

6.1.2　光電効果　148
6.2　発　光　158
6.2.1　ルミネッセンス　158
6.2.2　電界発光とレーザー　162
チョット休憩●6　レーザー秘話　173
演習問題　174

演習問題の解答 …… 177
参考図書 …… 180
付録　元素の電子配置 …… 181
索　引 …… 185

1 序　論

──われわれの生活の中に，新しい文明が出現しつつある…….この新しい文明は，新しい家庭像，仕事・恋愛・生活形態の変化，新しい政治闘争をもたらす．そして，何よりも重大なのは，われわれに意識の変革をもたらすことである．──

これは，20 世紀後半，世界的なベストセラーになった A. Toffler “*The Third Wave*”（1980）からの引用である．

この “新しい文明（the third wave）” を生んだ主役がエレクトロニクス（electronics）である．そして，そのエレクトロニクスの根幹が電子（electron）であり，その電子に“八面六臂（はちめんろっぴ）”の活躍をさせるのが電子材料である．

もちろん，「まえがき」でも述べたように，電子が果たす役割はエレクトロニクスどころか，すべての物質に関わるものであるが，本書は，電子材料の機能を念頭におきつつ，電子の “はたらき（電子物性）” について述べようとしている．本章ではまず「序論」として，その電子の活躍振りと，電子が「何」をするのか，そして，そもそも電子が深く関係する “電気” とは何なのか，を見ておきたい．

1.1 電子材料

■材料の歴史

原始時代からの人類の歴史を振り返ってみると，歴史の節目にはいつも，新しい材料の発見，新しい道具の発明があることに気づく．例えば，考古学の3期区分法によれば，人類の歴史は石器時代から青銅器時代，鉄器時代を経て発展してきている．

人類が，この地球上に出現してから現在までの「材料の歴史」を図1.1にまとめる．

考古学あるいは歴史上，鉄器時代以降の時代を特定の材料をもって「○○時代」と呼ぶことはない．それは，あらゆる観点から，鉄と比較し得るほど大きな影響力を持った新材料の発見がなかったことと，人類が既存のさまざまな材料を駆使し，さまざまな道具を作ってきたからである．

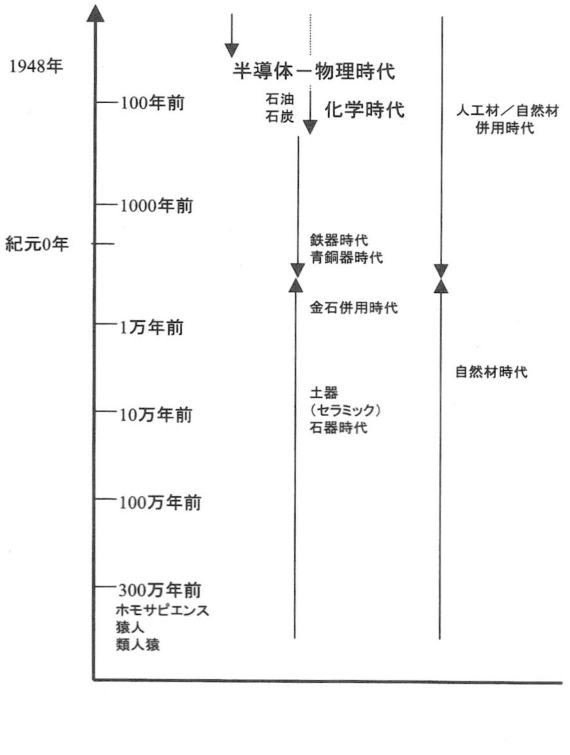

図 1.1　材料の歴史

ところが，19世紀に入り，それまでの“材料の歴史”が一変することになった。化石燃料である石炭を利用し，価値の高い化学原料や化学製品を製造する石油化学工業が興ったのである。その発端は，それまで燃料として使ってきた石炭を乾留して得られるタールを原料として発展した石炭乾留工業によって開かれた。そして，イギリスのパーキン（1833—1907）が1856年に，タールを蒸留して得られるベンゼンを出発点としてアニリンから染料を合成することに成功して以来，タールは各種の有機化学薬品の重要な原料になった。

このパーキンの業績によって，人類の材料史において“化学の時代”の幕が開かれたといえる。この“化学の時代”は，20世紀前半の石油を出発原料とする石油化学工業の勃興により，一層華々しい時期を迎えることになった。

21世紀の現在，化学の威力が増しこそすれ衰えることはないが，1948年，アメリカのベル研究所によって発表（発明・発見は1947年）されたトランジスターの出現は，材料史における“物理の時代”の幕開けを宣言するものであった。

いままで見てきたように，原始時代からの人類の文明史を振り返ってみると，歴史の節目にはいつも，新しい材料の発見，新しい道具の発明があった。1947年のトランジスターの発明（発見）に端を発するエレクトロニクスが人間の生活に，人類史上最大の変革をもたらしたのである。エレクトロニクスは，それまでの人類が手にしたことのない，まったく新しい概念の道具であり，それを支える新しい材料が半導体を中心とする**電子材料**である。

■電子材料の機能と応用

われわれの周囲にはさまざまな物質がある。それらの物質は，さまざまな観点から分類されるが，“電気の流れやすさ（流れにくさ）”で分けるのも一つの方法である。日常的経験から，銅，アルミニウム，鉄などの金属は電気を流すし，陶磁器，ガラス，ゴム，プラスチックなどは電気を流さない。一般に前者は**導体**，後者は**絶縁体**と呼ばれる。われわれの周囲にある電気機器においては，これらが巧みに使い分けられている。電気を流す電線は銅線などの導体でできているし，電気が流れては困る外側やプラグはビニールやプラスチックなどの絶縁体でできている。

物質を**抵抗率**（3.1.1項参照）で分類して図示したのが図1.2である。絶縁体と導体の中間に属する物質が“半分くらい導体”という意味で**半導体**と呼ばれ

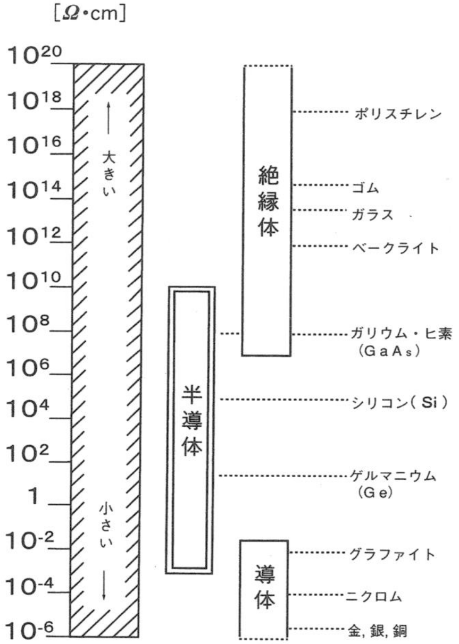

図 1.2　物質の電気抵抗率による分類

る．しかし，絶縁体と半導体，半導体と導体との境界は明確ではない．

さて，広義の電子材料にはさまざまな物質，材料が含まれるが，エレクトロニクスの中心をなす電子材料の決定的な“新しさ”の一つは，それが**機能材料**であることだ．それに対し，“物理時代”以前の材料のほとんどすべては**構造材料**だった．機能材料の“機能”はさまざまな物理現象の制御によって発揮されるのである．

一口に電子材料といっても，その中味は多岐にわたり，数も膨大である．エレクトロニクス産業に供されている電子材料，その機能，および応用分野を表 1.1 にまとめる．実に多種多様な電子材料が多種多様な分野に応用されていることがわかるだろう．ここに示される材料から成るさまざまな素子が組み合わされて，エレクトロニクスが形成されているのである．

本書がこれから述べようとすることを一言で述べれば，表 1.1 に示される「機能」が，電子のどのような「はたらき」によってもたらされるのか，ということである．それらの機能を大きく分類したのが，第 3～6 章の表題に示されるものと，本書では扱わない“磁性”（本シリーズ『したしむ磁性』参照）である．

表 1.1 電子材料とその応用分野

分類	機　能	応　用	材　料
半導体	トランジスター	ダイオード，集積回路	Si，Ge，GaAs，$Ga_{1-x}In_xAs$，$Si_{1-x}Ge_x$
	光電素子	発光デバイス	GaAs，GaP，InP，SiC，ZnS，CdS $In_{1-x}Ga_xAs_yP_{1-y}$， $In_{1-y}(Ga_{1-x}Al_x)_yP$， $Ga_{1-x}Al_xAs$，$In_{1-x}Ga_xP$ $GaAs_xP_{1-x}$，$Si_{1-x}Ge_x$
		光導電デバイス，光電池	Si，GaAs，InP，CdS，SbCs，SiC
	熱電素子	熱発電デバイス	Bi_2Te_3，Sb_2Te_3
		電子冷凍デバイス	ZnS，PbTe，Bi_2Te_3
	センサーほか	サーミスター	MnO，NiO，Cu_2O，$BaTiO_3$
		バリスター	SiC，$BaTiO_3$，ZnO，TiO_2，$SrTiO_3$
		ガスセンサー	ZnO，SnO_2，γFe_2O_3，αFe_2O_3
		酸素センサー	ZrO_2，TiO_2
		湿度センサー	$NiFe_2O_4$系，$MgCrO_4$-TiO_2系
		磁気抵抗・圧電抵抗	
超伝導体	完全導電性	磁石	NbTi, Nb_3Sn, Nb_3Al, $Bi_2Sr_2Ca_3Cu_3O_{10}$
	完全反磁性	磁気シールド	Nb，$Bi_2Sr_2Ca_3Cu_3O_{10}$
	ジョセフソン効果	SQUID(超伝導量子干渉計)	NbN，$Bi_2Sr_2Ca_3Cu_3O_{10}$， NbAl，Nb-Zr，Pb 合金，Nb_3Al
導電・抵抗材料	導電材	導体	Cu，Al，Ag，Au とこれらの合金
		接点	Pt, Ag, AuとCuの複合材(それらの合金)
		脚線(リード線)	鋼/Cu, 鋼/Al 等のスズ，ハンダメッキ線
		リードフレーム	NiFe，無酸素銅，銅合金
		ボンディング線	Au，1％Si-Al，Cu
		プリント基板	銅箔
		ヒートパイプ(冷却器)	銅管
		ろう付材料	ハンダ(Pb-Sn)，Ag-Cu-Zn(銀ロー)
		封着材料	Ti，W，Mo，Pt，Cu，コーバル(28 Ni-18 Co-残 Fe) ジュメット(42 Ni-58 Fe)，ジルコニア(42 Ni-6 Cr-残 Fe)
	熱電素子	熱電子放射材料(陰極管)	W，Th-W，アルカリ金属，アルカリ土類金属
		熱電対	Pt/Pt-Rh, アルメル(Ni-Al)/クロメル(Ni-Cr), 銅/コンスタンタン(Cu-Ni) Ag-Au/Au-Co，W/W-Re
	抵抗器	ソリッド抵抗材	微粒炭素
		炭素皮膜抵抗材	炭素
		金属系薄膜抵抗材	Au, Pt, Ni, Cr, Ti, Zr, Ta, Mo, W, Re, SnO_2, Ta・Nb・Cr・Ti の窒化物
		サーメット皮膜抵抗材	Au，Pt，Ta，Cr/SiO_2，Al_2O_3，MgF_2

表 1.1 (続き)

オプトエレクトロニクス材料	レーザー発振	気体レーザー	He-Ne系，希ガスイオン系(Ar^+，Kr^+等)，金属蒸気系(He-Cd, Cu, Zn, Se等) 赤外気体系(CO_2，水蒸気，シアン化合物等)，N_2エキシマ(Ar_2，Kr_2，Xe_2，KrF，XeF，HgBr等)
		固体レーザー	ルビー(Cr^{3+}：Al_2O_3)，YAG(Nd^{3+}：$Y_3Al_5O_{12}$)
		半導体レーザー	半導体光電素子参照
	微小光学素子	レンズ，鏡，プリズム	
	光導波路(変調，偏向，波長変換)	光ファイバー	ガラス系(SiO_2)とドーパント(TiO_2，GeO_2等) プラスチック系(ポリメタルメタアクリレート，ポリスチレン等)
		光分岐結合器(カップラー)，光合分波器，光スイッチ，光減衰器，光アイソレータ，光集積回路，光電子集積回路	$LiNbO_3$, YIG(イットリウム鉄ガーネット) SiO_2とその他成分系材料 PMMA(ポリメチルメタアクリレート)， KDP(KH_2PO_4)，$Ba_2NaNb_5O_{15}$ $AgGaS_2$, GaAs, InP, InGaAs, Si, Ge, PLZT
	液晶	ディスプレイ素子，光学素子，センサー素子	シッフ塩基系，安息香酸エステル系，ビフェニル系，シクロヘキシカルボン酸エステル系，ピリミジン系，フェニルミクロヘキサン系，ジオキサン系，シクロヘキシルシクロヘキサン系
	記憶	光記憶デバイス	Te，As-Te-Se，TeO_x，Te-C，GdCo，TbFe，Al，Bi，Ti，Cr
磁性材料	強磁性(フェロ磁性, フェリ磁性)	永久磁石(ハード：高保磁力材料)	アルニコ5(8 Al-14 Ni-24 Co-3 Cu-残Fe) ハードフェライト(BaO・6 Fe_2O_3，SrO・6 Fe_2O_3) 希土類コバルト($SmCo_5$，Sm_2Co_{12})，希土類ボロン($Nd_2Fe_{14}B$)
		磁心材料(ソフト：高透磁率材料)	3%Si-Fe(ケイ素鋼板)，パーマロイ合金(Ni-Fe+α)，センダスト合金(Fe-Al-Si)，フェライト，アモルファス合金
		磁気記録材料	γFe_2O_3，Co-γFe_2O_3，Co-Fe_3O_4，CrO_2，65 Fe-35 Co，75 Co-25 Ni，85 Co-15 Cr
誘電材料	強誘電体	圧電材料(マイクロフォン発振器他)	水晶，ロッシェル塩，PZT，$LiNbO_3$，$LiTaO_3$，$LiGaO_3$，$BaTiO_3$
		電気音響光学変換素子(光偏向器・パルス変調器)	$PbMoO_4$，$PbMoO_5$，TeO_2，CdS膜/$Y_3Ga_5O_{12}$，CdS膜，ZnO膜
		表面弾性波素子(SAW)	TiO_2系，$BaTiO_3$系，ステアタイト系(MgO・SiO_2)
		コンデンサー	Al，Ta(電解コンデンサー) SiO膜，Ta_2O_5膜

(小沼　稔『固体電子材料』工学図書，1993より)

1.2　電気と電子

■電気とは何か

図 1.2 に示したように，物質には電気を流しやすいものと流しにくいものとがある．それでは，そもそも“電気”とは何だろうか．

アメリカのランカスターなどで文明に毒されない生活をしているアーミッシュのような例外もあるが，現代人なら誰でも“電気”の恩恵にあずかっているし，原始生活を営んでいる稀有の人種でない限り“電気”という言葉を知らない人はいないであろう．いまや，普通の人にとって“電気”のない生活はまったく考えられない．一般家庭においても，“電気”は図 1.3 に示すようにさまざまな目的に使われている．

電気の実体については知らなくても，現代人なら誰でも電気に対するある程度の知識をもっている．電気は発電所で作られ，電線で送られ，変電所を経て家庭あるいは工場まで運ばれるということを小学校の社会科で習って知っている．電気が流れている裸電線に触れると，ビリビリとしびれを感じる．つまり感電する．ゴムの手袋をすれば，裸電線に触れても感電しない．

このように，われわれは，電気のさまざまな「はたらき」を見たり，感じたりすることはできるのだが，電気そのものの“実体”を見ることはできない．

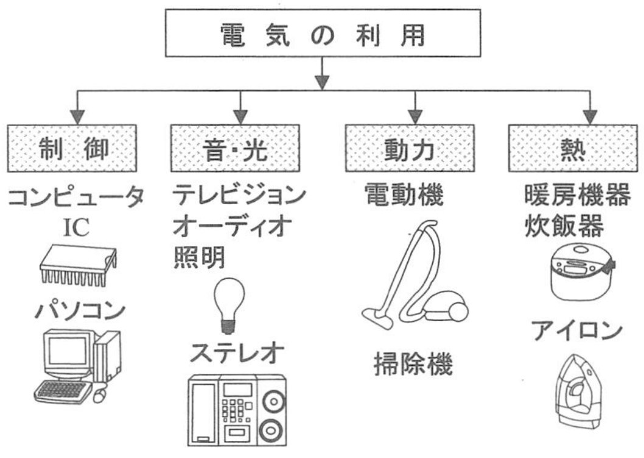

図 1.3　電気の利用
（曽根・小谷・向殿監修『図解 電気の大百科』オーム社，1995 より）

電気というものに関する現象を最初に意識したのは，約2500年前のギリシアの宝石商人といわれている．彼らは，コハク（琥珀）を布で磨いている時，コハクがワラや羽毛などの軽い物を吸いつける不思議な現象を見つけた．今日，**摩擦電気**として知られる現象である．また，同じ頃，ギリシアの神々の住処といわれるイダ山（トルコ西部，古代トロイの南東方の山）で，鉄を吸いつける磁鉄鉱が発見された．磁石である．

ところで，コハクのことをギリシア語で“エレクトロン(*ηλεκτρον*)”という．この“エレクトロン”は英語の“electron”の語源である．

また，1753年7月4日の夜，アメリカのフランクリン（1706—1790）が絹製の凧をあげて，雷が電気であることを蓄電器の一種であるライデン瓶を使って間接的に確かめ，その年に落雷の被害を防ぐ避雷針を発明したというのは有名な話である．

摩擦電気，磁力について，初めて科学的な研究を行なったのは，医者でもあり物理学者でもあったイギリスのギルバート（1544—1603）だった（本シリーズ『したしむ電磁気』p. 10，『したしむ磁性』p. 23参照）．電気に“electric”という形容詞を初めて用いたギルバートは，電気に“正(＋)”と“負(－)”の2種類があることを明らかにした．ちなみに，“電気”は英語で“electricity”という．

さらに，ギルバートのおよそ200年後，イギリスの化学者・デイヴィ（1778—1829）によって，電気が**正の電荷**と**負の電荷**という二つの要素を持ち，それらが物質の中を移動することが説明された．そして，デイヴィの弟子のファラデイ（1791—1867）によって「**電流**は正の電荷が正の電極側から負の電極側に移動することである」と定義され，今日に至っている．

現代の電気工学は1820年から1830年にかけて，デンマークのエールステッド(1777—1851)，フランスのアンペール(1775—1836)，ドイツのオーム(1787—1854)，ファラデイらの発見，研究によって急速に発展し，基礎が築かれた．今日，これらの電気工学の先駆者の名前は，電気の単位や法則の名称として使われている．

■電気の根源と電子

電気の根源は**電荷**である．そして，電流（つまり，電気の流れ）とは電荷の移動のことであり，すべての電気現象は電荷の挙動の結果として現われるのである．それでは，電荷とは何なのか．

単純明快にいえば，電荷の根源が，本書の主役である電子なのである．つまり，三段論法でいえば，「電気の根源は電子である」ということになる．

しかし，すべての電気現象が電子の挙動で説明できるのかとなると，やや問題がある．結局は，電子の挙動に帰することになるのだが，一応，電荷の種類としては次の3種（細かくいえば，4種）を考えておくのがよいだろう．

- 電子……………………………負の電荷
- 正孔(ホール)………………正の電荷
- イオン
  - 陽イオン…………正の電荷
  - 陰イオン…………負の電荷

これらのうち，第5章で述べるように，正孔（ホール）は半導体物性を考える上で極めて重要であり，半導体が単に“半分くらい導体”にとどまらず，エレクトロニクスの基盤材料になっているのは，この正孔の存在のためである．

ところで，教科書によっては，電荷を**電気素量**（あるいは**電荷量**）の意味にも使う場合があるが，本書では，これらの両者をはっきり区別する．上述のように，電荷は“電気の根源”であり，“電気という現象を引き起す原因”である．それに対し，電気素量は電荷の最小単位の電気量のことで，一般に“e”という記号を使い，その数値は

$$e = 1.602 \times 10^{-19}\,[\mathrm{C}]$$

である．なお，電気素量の単位“C(クーロン)”はフランスの物理学者で静電気・磁気学の数量的な基礎を築いたクーロン（1736―1806）にちなんだものである．

チョット休憩●1

ロウソクの科学

学問や芸術などに限らずあらゆる分野において，時折，“天才”と呼ばれる人が現われる（必ずしも彼らが生前に“天才”と評価されるわけではないが）．本章に登場したファラデイ（Michael Faraday，1791—1867）は“天才中の天才”ともいうべき，現代科学・技術の基礎を築いた大科学者の一人である（本シリーズ『したしむ電磁気』の〈人物評論● 3〉でも触れているので参照されたい）．

ファラデイ（イギリスの 20 ポンド紙幣）

ファラデイは，学校歴あるいは学閥などの意味において，いわゆる「エリート」ではない．彼はイングランド・サリー州の鍛冶屋の子として生まれ，製本見習をしながら正規の教育を受けることなく独学し，1813 年，22 歳の時，王立研究所（Royal Institution）の助手に採用された以降，大科学者への道を歩むのである．もしも，ファラデイの時代にノーベル賞があったならば，彼は物理学賞，化学賞を一人で 10 個ぐらい受賞したのではないかと思われるほどの未曽有の大天才科学者である．

ファラデイは大科学者であるばかりではなく，極めて優れた教育者でもあった（私は，どんな分野であれ，一級の業績をあげた人こそが本当に優れた教育者になれるのではないかと思っている）．彼が優れた教育者であることを示す，私が好きなエピソードがある．19 世紀半ば，ファラデイがロンドン市民を前にして電磁誘導（1831 年に初めて論文発表）について講演した時，聴衆の一人の婦人が「それが一体どんな役に立つというのですか」と質問したのに対し，「奥さん，新しく生まれたばかりのお子さんの利用価値は何ですか」と答えたというのである．

しかし，何といっても，大科学者ファラデイの教育者としての業績は，1860年暮の「クリスマス講義」として行なった「ロウソクの科学」と題する連続6回の講義に集約されていると思われる．王立協会は1年に約20回，「金曜講話」として一般人向けの科学講義を行なっているが，毎年クリスマスの頃に行なわれる「クリスマス講義」は特に少年少女を対象にした連続講義である．ところで，上に掲げるのはイギリス（正確にはイングランド）の20ポンド紙幣であるが，ファラデイの肖像と共に左側には「クリスマス講義」の様子が描かれている（この絵をよく見ると，前の方の席は少年少女ではなく大人の市民に占められているのがチョット気になる）．

この「ロウソクの科学」の講義録は岩波文庫から同名の書（ファラデー著，矢島祐利訳）として出版されているので，少年少女の頃，読んで感激した読者も少なくないだろう．私も小学校の卒業式の後，担任の先生からプレゼントされた時に初めて読んだのであるが，細かいことはよく理解できなかったにせよ「ありふれたロウソクの炎でもスゴイものなんだなあ」という感想を持ったことをいまでも憶えている．私は，この『ロウソクの科学』を「物理」を仕事にするようになってからも読んでいるが，少年少女にとってばかりではなく，そして，一般的な大人のみならず自然科学を勉強したり研究したりしている大人にとっても，十分に面白く，また奥の深い内容を含んだ書であると思う．本書の読者にも是非読んでいただきたい．以下，第1講（連続6回講義の初日）の冒頭のファラデイの言葉を引用し，本項を閉じることにしたい．

> これ（ロウソクの話：筆者注）はたいへん興味のあるものですし，またここから出発して驚くほど多種多様な自然の研究に導かれるのです．いろいろのものを支配している法則のうちロウソクの話のなかへ出てこないものは一つもありません．そこで，物理学の勉強をはじめるにはロウソクの物理的現象を研究するのが最も良い，最も便利な戸口です．
>
> （矢島祐利訳『ロウソクの科学』岩波文庫，1956より）

■演習問題

1.1 電気抵抗を表わす式 $R=\rho\left(\dfrac{L}{A}\right)$ より抵抗率 ρ の［単位］を導け．

1.2 “電気”とは何か．“電気”の根源は何か．簡単に説明せよ．

1.3 電荷の種類を挙げよ．

2 電子物性の基礎

物質のすべての電気現象の根源は電子であり，エレクトロニクスとは電子，すなわちエレクトロンの性質や挙動を利用した技術や学問のことである．もちろん“エレクトロニクス”以前に，物質・物体が存在しなければならないのであるが，その物質・物体の形成，性質（物性）の決定に絶対的な役割を果しているのも電子である．すなわち，周知のように，エレクトロニクスを通して電子を利用しようとする主体であるわれわれの身体を含めすべての物質は原子が結合することによって形成され，この結合の担い手が電子であり，その物質の性質はその電子の“担い方”によって決定されるからである．

現時点においては，原子は物質を形成する究極のアトモス(不可分割素)ではなく，原子はさらに電子，原子核（素粒子，基本粒子）に分割できることがわかっている．しかし，本書が扱う固体の電子物性を考える上では，原子を“物質の構成単位”とするのが極めて有効である．

本章では，このような観点から，固体の電子物性を学ぶ上での基礎となる物質の構造をまず最初に確認し，固体中の電子のエネルギーについて概観しておくことにする．

なお，固体の構造について深く知りたい読者は，本シリーズ『したしむ固体構造論』などを参照していただきたい．また，本章の記述には上記書からの引用が少なくない．

2.1 電子と結合

2.1.1 原子の構造

■物質の構造

すべての物質を構成するのは原子であるが，21 世紀初頭の現時点における理解では，図 2.1 に示すように，その原子は，さらに細かく分割される．つまり，原子は**原子核**と**電子**から成る．原子核は**陽子**と**中性子**で構成され（ただし水素原子は陽子のみ），それらは核力を持つ仲介役の**中間子**(図示せず)によって"核状態"に保たれている（中間子については章末の〈チョット休憩● 2〉を参照されたい）．過去には，原子核を構成するこれらの 3 粒子を究極の粒子として**素粒子**と名付けたが，現在では，これらの粒子が 6 種類（d，u，s，c，b，t）の**クオーク**と呼ばれる**基本粒子**で構成されていることがわかっている．基本粒子を結びつけるのが**グルオン**（図示せず）と呼ばれる粒子（**ゲージ粒子**）である．

ところで，物質を一つの塊として扱う世界を**マクロ世界**と呼ぶ．マクロ世界

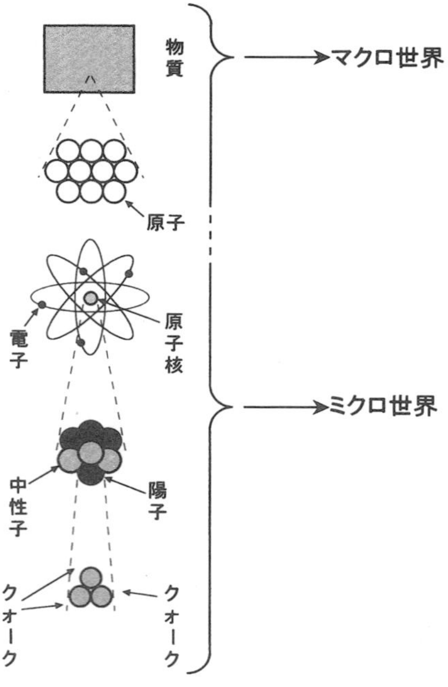

図 2.1　物質の構造

が扱う“大きさ”は原子の大きさ（～10^{-10}m）程度から宇宙の大きさ（～10^{26}m）まで幅が広い．このマクロ世界のさまざまな自然現象（人為的な物理現象も含む）を説明するのが**古典物理学**である．一方，原子の大きさ程度以下の世界を**ミクロ世界**と呼び，このミクロ世界の自然現象を説明するのが**量子物理学**である．

以下，物質の根源である原子の構造についてやや詳しく述べることにする．原子の構造を理解することは，電子というものを理解することであり，それは固体の電子物性を理解するための基本だからである．

原子モデルの発展を歴史的に眺め，理解を深めることにしたい．

■ラザフォードの近代原子モデル

科学的な原子論の基礎が築かれたのは18世紀末から19世紀初頭にかけてであり，ラボアジェ（1743—1794）とドルトン（1766—1844）の功績が大きい．そして，原子構造解明の端緒を開いたのは，1895年のレントゲン(1845—1923)による**X線**の発見である．さらに，そのX線の発見が契機になって，トムソン(1856—1940)により負電荷を持つ**電子**の存在が確認され，原子構造の解明が急速に進んだ．

これらの原子構造に関する理解は，1911年，ラザフォード（1871—1937）の**有核原子構造モデル**として集大成される．その概略を図2.2に示す．このモデルが画期的なことは，原子核と電子を原子の構成要素と考え，原子の中心に原子核，その周囲に何層かの電子層（軌道）を配置したこと，また，原子は全体として電気的に中性だから電子の負電荷を打ち消す原子核の正電荷を考えたことである．後述するように，原子構造の量子論的理解が確立されている現在，われわれは，原子を図2.2のような“図”として描くことにためらいを覚えざ

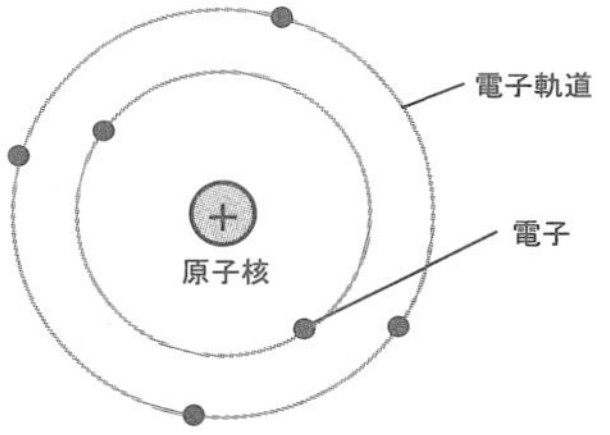

図 2.2　有核原子構造モデル

るを得ないのであるが，ラザフォードの有核原子構造モデルは，原子のさまざまな性質を理解する上で，依然として極めて有効なのである．

■ボーアの原子モデル

ラザフォードの原子モデルによれば，原子は正電荷を持つ原子核とそれを周回する負電荷を持つ電子から成っている．この電子は図 2.3 に示すように，常に向心力による加速度を持つ等速円運動をしている．電磁理論によれば（本シリーズ『したしむ電磁気』参照），荷電粒子（電子）が加速運動すると，そこから電磁波が放出される．つまり，図 2.2 に示されるような原子核を周回する電子は，常に，その周回半径で定まる振動数 ν の電磁波を放出する（エネルギーを失なう）ことになる．したがって，電子は徐々にエネルギーを失ないながら

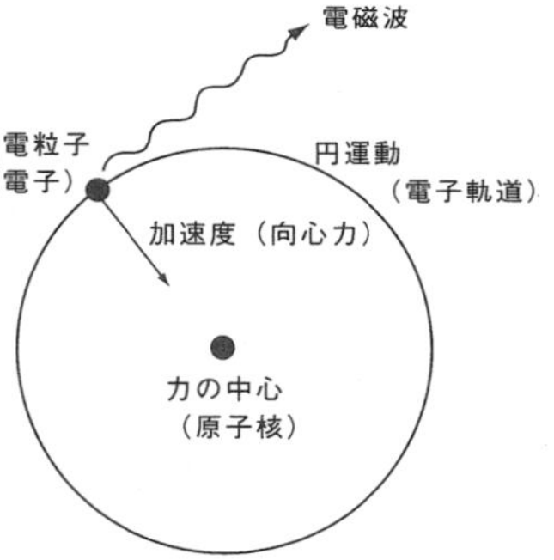

図 2.3　電子の等速円運動

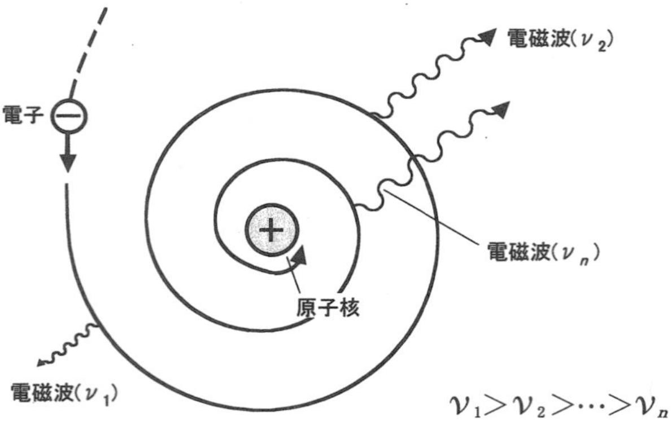

図 2.4　電磁波放出による電子の原子核との衝突

周回の半径を小さくし速さを減じつつ，図 2.4 に示すように渦巻き状の軌道を描いて最終的には原子核に吸い込まれてしまうはずである．しかし，これでは，原子は安定して存在できないし，原子の大きさも定まらない．これらのことは自然界の事実に反する．

新しい“量子”の概念（後述）を導入して，上述の矛盾を解決し，量子物理学の端緒を開いたのがボーア（1885—1962）の**量子論的原子モデル**である．

ボーアによれば，電子は，その原子特有の，不連続の定常状態の**エネルギー準位** E_1，E_2，…，E_n しかとれない．つまり，電子は，図 2.4 に示すような，連続的なエネルギーを持つ渦巻き状の軌道上を運動することができない．また，電子は一つの軌道上（エネルギー準位）で一定の加速度運動をしている（定常状態にある）限り，電磁波を放出しない，つまりエネルギーを失なわないのである．電子が一つの定常状態 E_m から他の定常状態 E_n に遷移する時にのみ，そのエネルギー差 $\Delta E\,(=|E_m-E_n|)$ に相当する電磁波の放出 $(E_m>E_n$ の場合) や吸収（$E_m<E_n$ の場合）が起こる．この電磁波の振動数を ν とすれば，

$$\Delta E=h\nu \tag{2.1}$$

の関係がある．この h は**プランク定数**とよばれる定数で，作用の次元［仕事×時間］を持ち，

$$h=6.626\times10^{-34}\,[\mathrm{J\cdot s}] \tag{2.2}$$

と実験的に求められている．また，角振動数 $\omega=2\pi\nu$ を考える場合は，h のかわりに

$$\hbar=\frac{h}{2\pi} \tag{2.3}$$

を用いる．

ここで，図 2.5 に示すように，水素原子の原子核（**陽子**）の周囲を静電的な**クーロン力**による引力によって円運動している電子を考える．

$-q$ の電荷を持つ質量 m の電子が，半径 r の円軌道上を速度 v で運動しているとすると，電子にはたらく遠心力 F_c は

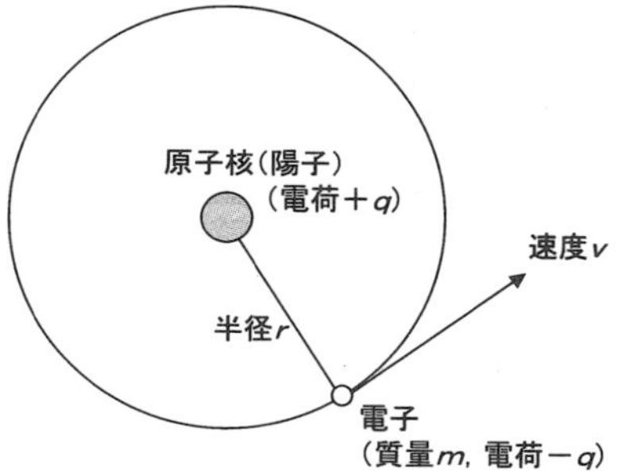

図 2.5　水素原子の電子の運動

$$F_c = \frac{mv^2}{r} \tag{2.4}$$

であり，電子にはたらくクーロン力 F_q は

$$F_q = \frac{q^2}{4\pi\varepsilon_0 r^2} \tag{2.5}$$

である．ε_0 は真空の**誘電率**である．ここで，$F_c = F_q$ であるから

$$\frac{mv^2}{r} = \frac{q^2}{4\pi\varepsilon_0 r^2} \tag{2.6}$$

となる．

ボーアによれば，電子に許される運動状態は，角運動量(mvr)が $\hbar(=h/2\pi)$ の整数倍のものに限られるから

$$mvr = n\hbar = n\frac{h}{2\pi} \quad (n=1,\ 2,\ 3,\ \cdots) \tag{2.7}$$

である．式 (2.7) より

$$v = \frac{nh}{2\pi mr} \tag{2.8}$$

で，これを式 (2.6) の左辺に代入すると

$$\frac{mn^2h^2}{4\pi^2m^2r^3} = \frac{q^2}{4\pi\varepsilon_0 r^2} \tag{2.9}$$

となり，

$$r = \frac{n^2\varepsilon_0 h^2}{\pi mq^2} \quad (n=1,\ 2,\ 3,\ \cdots) \tag{2.10}$$

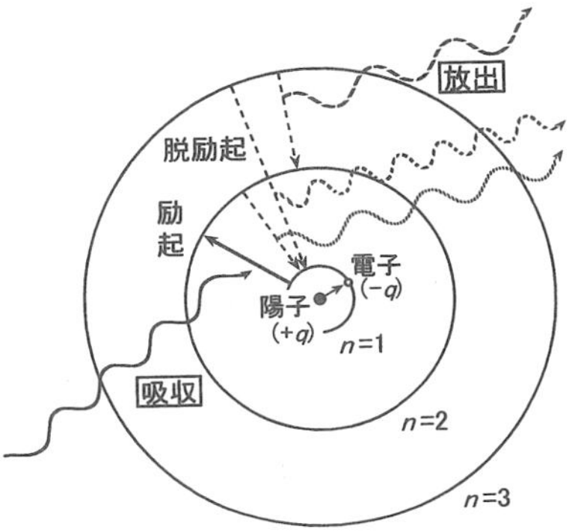

図 2.6 ボーアの水素原子モデル

が得られる．つまり，電子は“とびとび”の値の半径（エネルギー準位）の軌道上の運動しか許されないのである．したがって，図 2.4 に示されるようなことは起こらない．このように「とびとびの値をとること」を「量子化されている」という．この“量子”とは“エネルギーの塊（かたまり）の最小単位”（プランクの**量子仮説**）と考えればよい．そして，式 (2.10) の整数 n は**量子数**と呼ばれる．

以上の概念を含む**ボーアの水素原子モデル**を図 2.6 に模式的に示す．電子が励起（吸収）あるいは脱励起（放出）する電磁波の振動数 ν は，式 (2.1) より

$$\nu = \frac{1}{h}|E_m - E_n| \tag{2.11}$$

で与えられる．

また，水素原子の電子が持つ全エネルギー E は，その運動エネルギーと位置エネルギーの和として

$$E = \frac{mv^2}{2} - \frac{q^2}{4\pi\varepsilon_0 r} \tag{2.12}$$

で与えられる．右辺第 2 項の位置エネルギーの値が負になっているのは，原子中の電子は原子核に束縛されており，原子核に束縛されない**自由電子**（後述するように，電気伝導に寄与する）のエネルギーを 0 と考えるからである．

式 (2.6) を変形した

$$mv^2 = \frac{q^2}{4\pi\varepsilon_0 r} \tag{2.13}$$

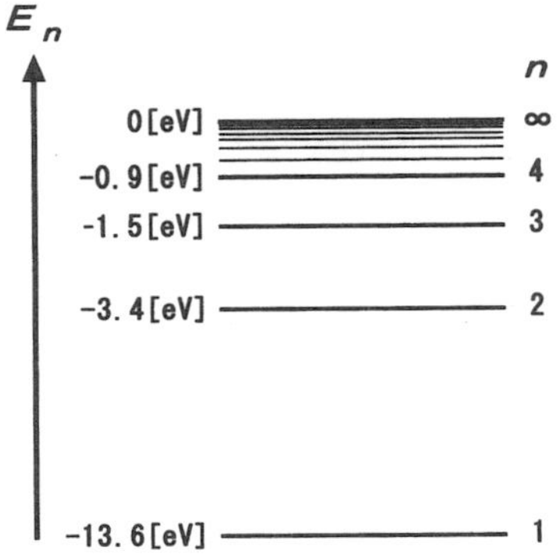

図 2.7 水素原子の電子のエネルギー準位

と式 (2.10) を式 (2.12) に代入すると

$$E=-\frac{mq^4}{8\varepsilon_0{}^2n^2h^2} \quad (n=1,\ 2,\ 3,\ \cdots) \tag{2.14}$$

が得られる．式 (2.10), (2.14) を**ボーアの量子条件**という．ここで述べているのは，前述のように，原子核に束縛されている電子のことで，原子核に束縛されない自由電子は $n=\infty$ の場合に相当し，$E=0$ になる．式(2.14)で，E の値が負になっているのは，原子内の電子のエネルギーが自由電子のエネルギーよりも低いことを意味する．n が大きくなるに従って E も大きくなり，0 に近づく．$n=1$ の場合，エネルギー準位は最低となり(電子は有限のエネルギーを持っているわけだから，$n\neq0$ であることはいうまでもない)，その状態を**基底状態**という．また，$n\geq2$ の状態を**励起状態**という．自由電子は“極度の励起状態にある電子”といえよう．

式 (2.14) に定数を代入して求められる水素原子の電子のエネルギー準位を図 2.7 に示す．基底状態のエネルギー準位は−13.6 eV と計算されるが，これは 1 個の電子を原子(陽子)から引き離すのに要するエネルギー(**電離エネルギー**)を意味する．

2.1.2 電　子

■電子の波動性

ボーアの理論を飛躍的に発展させ，量子力学の確立をもたらす画期的な発想を示したのはド・ブロイ（1892—1987）である．

ド・ブロイは，式（2.1）からの発想でエネルギー E，質量 m，速度 v を持つ粒子は

$$\nu=\frac{E}{h} \tag{2.15}$$

$$\lambda=\frac{h}{mv} \tag{2.16}$$

で与えられる振動数 ν と波長 λ を持つ波動とみなし，これを**物質波**と名づけた．

電子を原子内のある点に局在する粒としてではなく，原子核の周囲の**定在波**（定在波については本シリーズ·『したしむ振動と波』などを参照）として存在する質量 m，電荷 $-q$ の物質波（**電子波**）として考えると，図 2.8(a)に示すように，電子軌道の 1 周の長さ（$2\pi r$）は，波長 λ の整数倍（$n\lambda$）に一致しなければならない．図 2.8(b)は，軌道の長さが $n\lambda$ に一致しない場合を描いているが，電子波は，このような状態にはならない．つまり，

$$2\pi r=n\lambda \quad (n=1,\ 2,\ 3,\ \cdots) \tag{2.17}$$

でなければならない．

ボーアの量子条件，式（2.12）あるいは式（2.14）は，原子中の電子が安定に存在するための条件であったが，それは電子波が原子核の周囲で定在波を作

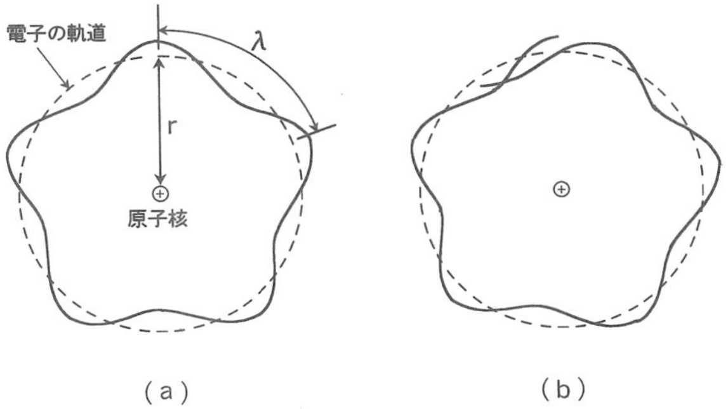

図 2.8 原子内の電子波

るための条件でもあったことが何となくわかるだろう．

電子の波動性は，電子顕微鏡像あるいは電子線回折図形などによって実験的に検証されている．

なお，念のために注意しておくが，ここで述べているのは，電子の波動性であって，電子が図 2.8 に示すような波形の軌道上を運動するということではない．また，電子自体が“波打っている”わけでもない．後述するように，電子の“存在状態”が“波動的”なのである．

■**電子雲**

電子の波動性に着目し，数学的手法を導入して原子内の電子の“存在”の理解を一層進めたのが波動力学あるいは量子力学である．

いま，一つの直線（x 軸）に沿って運動する質量 m の電子を考え，この電子の位置エネルギーが $E_p(x)$ で表わされるとする．シュレーディンガー（1887―1961）は，この電子波が数学的にψで記述されるとすると，このψが従うべき**波動方程式**は

$$-\frac{h^2}{8\pi^2 m}\cdot\frac{d^2\psi}{dx^2}+E_p(x)\psi=E\psi \tag{2.18}$$

で与えられると考えた．右辺の E は，この系が持ち得る全エネルギーを表わす．また，“微小空間” dx の中に電子が見出される確率は，$|\psi|^2dx$ に比例するとすれば，$0\leq x\leq r$ の空間の中で電子が存在する確率を全領域について積分すれば

$$\int_0^r \psi^2 dx=1 \tag{2.19}$$

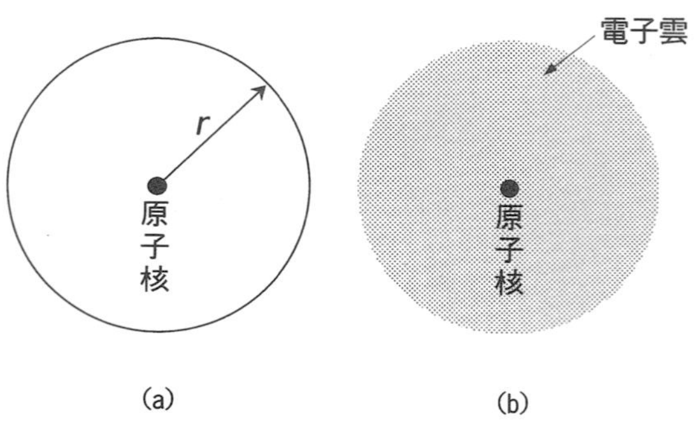

図 2.9　水素原子の電子の存在．(a) ボーア理論，(b) 波動関数論

が得られる．このようなψを**波動関数**，式(2.18)を**シュレーディンガーの波動方程式**と呼ぶ．

ボーアのモデルによれば，図2.9(a)に示すように，電子は半径rの軌道上を等速円運動するので，電子は100％確実に，この円周上のどこかに存在することになる．これに対し，上述の波動関数を導入した量子力学的モデルによれば，図2.9(b)に示すように，電子は雲のような状態の，ある種の空間的な確率分布(**電子雲**と呼ぶ)をすることになる．つまり，式(2.18)は，ある任意の瞬間に電子が存在する場所を特定するのではなく，電子が存在しそうな場所における存在確率を示していることになる．個々の電子は，瞬間瞬間に，電子雲という“確率の雲”の中のどこかに存在するはずであり，極めて0に近い確率ながら，原子核の中に存在する可能性もあるのである．しかし，電子は大部分の時間を，式(2.10)で表わされる距離rの近傍に存在するはずである．したがって，電子雲をより現実的に描くとすれば，図2.10のようになるだろう．

シュレーディンガーの波動方程式が与えてくれるのは，本来純粋に数学的な模型であり，図2.9(b)や図2.10に示されるような視覚的な模型ではない．しかし，数学的な模型は，物質の微小世界の諸現象を説明する上で，“目に見える”ボーアの模型よりも強力であり，量子力学という形で結実することによって，それまで解けなかった問題，例えば，多電子原子のスペクトルや化学結合の現象を明快に説明することができたのである．

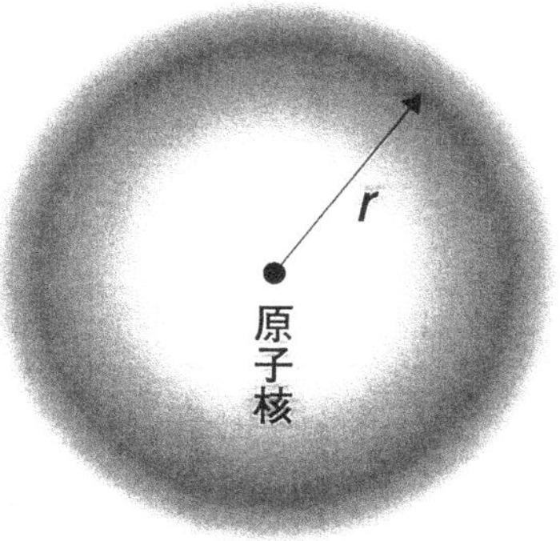

図 2.10 水素原子の電子の存在分布

しかし，ラザフォードやボーアの視覚的な原子模型は，原子構造や化学結合などの概要を理解する上で，依然として極めて有効であることを強調しておきたい．

■量子数と軌道の形状

ここまでは，電子の運動を“1次元”で扱ってきたので，電子の状態を一つの量子数 n で規定すればよかった．しかし，実際の電子の運動の場は3次元なので，その“軌道”(実際の電子の存在状態は図2.10に示すような“雲”状なので，本来“軌道”という言葉には違和感を覚えるのであるが慣用に従うことにする)，つまり電子雲の形状(あくまでも，電子の存在確率分布である)を定めるには n(今後，**主量子数**と呼ぶことにする)のほかに新たな量子数の導入が必要である．まず，**方位量子数** l について考える．

主量子数 n は式(2.10)，(2.14)で示されるように，電子軌道の半径(r)と原子内で許されるエネルギー準位(E)，つまり電子雲の“大きさ”を規定する．図2.6，2.7で示したように，主量子数は原子核に近い方から1，2，3，…，n の整数をとる．そして，主量子数が同じ“軌道”の一群を殻(かく)と呼び，$n=1$，2，3，4，…に対し，それぞれK，L，M，N，…殻と名づけられている．新たに導入される方位量子数は電子雲の“形”を決定し，主量子数 n に対して($n-1$)の値をとる．そして，$l=1$，2，3，…の“軌道”にはそれぞれs，p，d，f，…の記号が与えられている．

量子物理学において，電子は物質波(電子波)として扱われるのであるが，電子が荷電粒子であることには変りがない．つまり，荷電粒子である電子が軌道運動(円運動と考えてよい)することは，円形の針金に電気が流れるのと同じであり，その軌道面に垂直な磁界が生じる(本シリーズ『しだしむ電磁気』参照)．つまり，原子を磁界中に入れれば，電子の軌道運動による磁気モーメントと外部磁界との相互作用によって，軌道面は特定の方向を向くように量子化されることになる．このような方向の量子化を規定する量子数が**磁気量子数** m_l である．磁気量子数は，電子雲(軌道)の大きさにも形にも関与しないが，3次元空間における電子雲の“局在の方向(配向)”を決定する．また，m_l は方位量子数 l に対し，0，±1，±2，…，$\pm l$ の値をとる．例えば，2p電子雲は，変形ダンベル状の形で，m_l の値に従って3方向に配向した確率強度分布を示す．それら

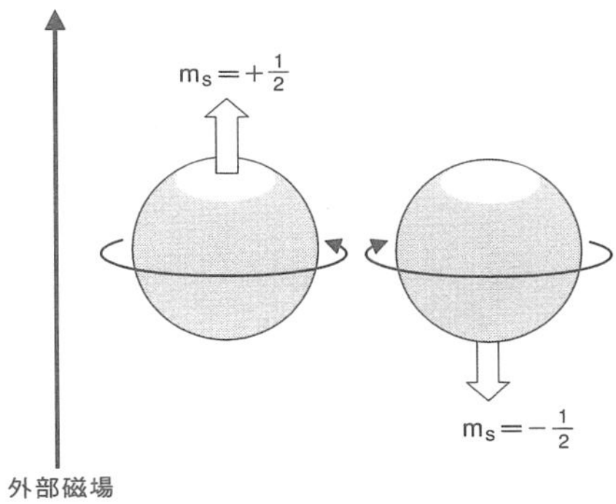

図 2.11　電子スピンとスピン量子数（m_s）

は，最大の存在確率を示す方向に従って，p_x，p_y，p_z と名づけられている（後述する図 2.12 参照）．

また，電子自身も自転している（この電子の自転のことを**スピン**と呼ぶ）．つまり，電子は，ちょうど地球と同じように，原子核（太陽）の周囲を自転しながら公転しているのである．電子が自転すれば，その自転軸の方向に角運動量を持つし，電子は荷電粒子であるから，磁気モーメントも生じる．このような電子が外部磁界中に入れられると，スピンによる磁気モーメントと外部磁界とが相互作用する．そのスピン角運動量の方向は，図 2.11 に示すように，磁界と平行な同一方向か反対方向で，数量的にはそれぞれ $+\frac{1}{2}\cdot\frac{h}{2\pi}$，$-\frac{1}{2}\cdot\frac{h}{2\pi}$ になる．この $+\frac{1}{2}$，$-\frac{1}{2}$ が**スピン量子数** m_s と呼ばれるものである．

以上のように，原子内の電子の存在状態は，4 つの量子数で規定（量子化）されることになる．その 4 つの量子数を表 2.1 にまとめておく．

前述のように，波動関数 ψ は数学的記述であるから，それを視覚化するのは難しい．しかし，$|\psi|^2$ は電子の存在確率を表わすので，原子内の空間的な各点での $|\psi|^2$ の値を原子核の付近に電子雲の“濃淡”で示すことは可能である．例えば，

表 2.1　量子数

名　称	記号	規定要素	可能な数値
主量子数	n	原子核からの距離	1，2，3，…
方位量子数	l	電子雲の形	0，1，2，3，…，$n-1$
磁気量子数	m_l	空間での配向	0，±1，±2，…，$\pm l$
スピン量子数	m_s	電子のスピンの向き	+1/2，−1/2

$\begin{cases} n=1 \\ l=0 \\ m_l=0 \end{cases}$ 　　　$\begin{cases} n=2 \\ l=0 \\ m_l=0 \end{cases}$

1s, 2s軌道（電子雲）

$\begin{cases} n=2 \\ l=1 \\ m_l=+1 \end{cases}$ 　$\begin{cases} n=2 \\ l=1 \\ m_l=-1 \end{cases}$ 　$\begin{cases} n=2 \\ l=1 \\ m_l=0 \end{cases}$

2p軌道（電子雲）

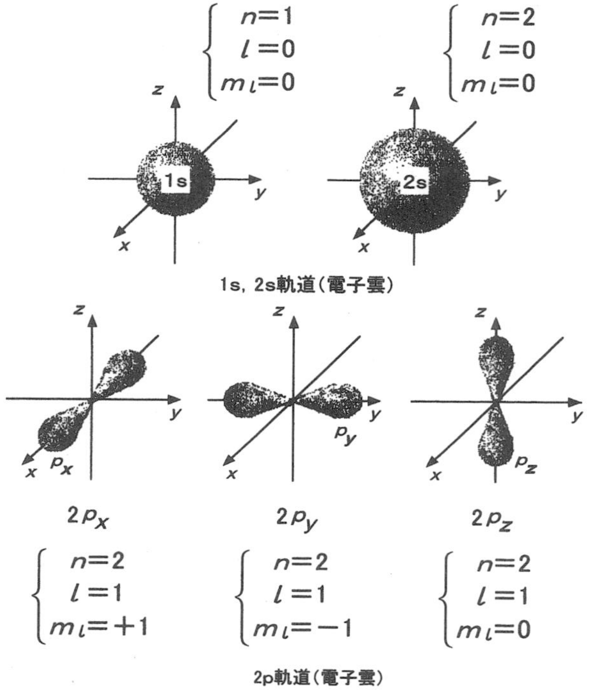

図 2.12　電子"軌道"（電子雲）の模式図

電子の存在確率が 90％近傍の 1s 電子雲，2s 電子雲，2p 電子雲を模式的に示せば図 2.12 のようになるだろう．実は，図 2.10 は 1s あるいは 2s 電子雲の中心（原子核）を含む断面を示すものだったのである．

■パウリの排他律と元素の周期性

原子の中の各電子は表 2.1 に示す 4 量子数によって規定される．つまり，各電子軌道は n, l, m_l の 3 量子数で規定され，各軌道には m_s が異なる最大 2 個までの電子が存在可能になる．結局，4 量子数で規定された各エネルギー準位には，ただ 1 個の電子しか存在できない，ということになる（これを**パウリの排他律**あるいは**パウリの排他原理**と呼ぶ）．

前述のように，主量子数 n が同じ軌道の一群を**殻**と呼ぶが，各軌道に存在し得る電子の最大数（定数）を表 2.2 に，またそれぞれを"古典的模式図"によ

表 2.2　各軌道に存在し得る電子の最大数

n	殻	l	記号	電子の最大数	
1	K	0	1s	2	$2=2\times1^2$
2	L	0 1	2s 2p	2 6	$8=2\times2^2$
3	M	0 1 2	3s 3p 3d	2 6 10	$18=2\times3^2$
4	N	0 1 2 3	4s 4p 4d 4f	2 6 10 14	$32=2\times4^2$

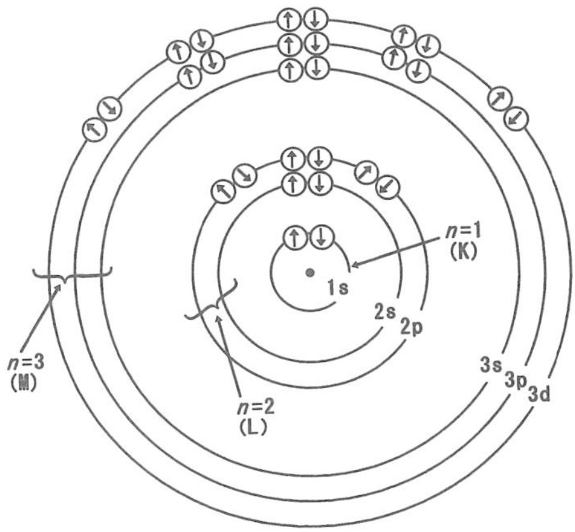

図 2.13　各電子軌道における電子の配置模式図

って図 2.13 に示す．図中，↑と↓はそれぞれ $m_s=+1/2, -1/2$ を表わしている．以上の事柄をまとめた各元素の電子配置を〈付録〉に示す．

各元素を原子番号（原子核の中の陽子の数）順に並べると，その化学的性質にはある種の周期性があり，それは**周期表**の形でまとめられている．この元素の周期性は，〈付録〉からも明らかなように，表 2.2 に示される各軌道に存在し得る最大数の電子を内側の軌道から順に配置していった時の最外殻の電子の数の周期性で説明できる．

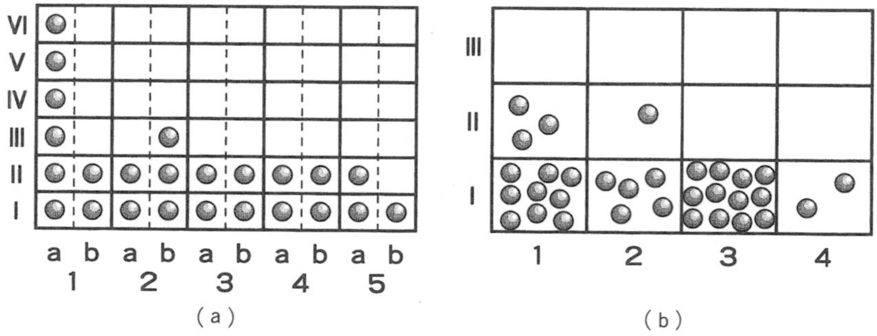

図 2.14　フェルミ粒子(a)とボーズ粒子(b)が占める座席

■フェルミ粒子とボーズ粒子

自然界にはさまざまな“素粒子”が存在するが，それらは**フェルミ粒子**（**フェルミオン**）と**ボーズ粒子**（**ボソン**）に大別される．

フェルミ粒子は，電子，陽子，中性子，ニュートリノのように半整数のスピン量子数を持つ粒子（**反対称粒子**）で，後者は中間子や光子（フォトン）のように 0 または整数のスピン量子数を持つ粒子（**対称粒子**）である．換言すれば，フェルミ粒子はパウリの排他律に従い，一つの状態には 1 個しか入れない粒子で，ボーズ粒子は一つの状態にいくつでも入れる粒子である．これらを“指定席”で模式的に描いたのが図 2.14 である．一つのフェルミ粒子は決められた一つの座席（指定席）にしか座れないが，ボーズ粒子にはそのような規制がない．上述のように，電子には，a，b（$m_s=\pm1/2$）のダブル・シートが用意されているわけである．

また，フェルミ粒子は集合する数に応じて集合体の大きさが大きくなる常識的な粒子であるが，ボーズ粒子はいくらたくさん集合しても，その集合体の大きさが大きくならないという非常識的な特徴を持っている．例えば，代表的なボーズ粒子である光子（フォトン）はいくらたくさん集まっても，その集合体の大きさが拡大されることはないのである．そのために，レーザー光線のような光を大きなエネルギーを持つ一つの小さな点に集光することができるわけである．

2.1.3 原子の結合

■化学結合

物質の構成要素は原子であり，原子が**化学結合**することによって物質が形成される．したがって，物質の構造や性質を支配する根本は，原子と原子との結合（化学結合）の仕方である．化学結合の形式としてはさまざまなものが知られているが，本書のテーマである“電子物性”を考える上では，次のように大きく2種，細かく4種に分類するのが好都合であろう．

一次結合——｛**共有結合**／**金属結合**／**イオン結合**｝

二次結合———**ファン・デル・ワールス結合**

一次結合は，結合する原子間で電子の移動，あるいは共有を伴い，比較的強い結合である．それに対し二次結合は，電子の移動や共有は伴わず，双極子の静電気的な引力によって生じる比較的弱い結合である．ここでいう“二次”とは，3種類の“一次結合”に比べれば弱い，という意味であり，本質的なものではないが，はっきりと単離できる結合化学種が存在しないことをもって“二次的（偽）結合”の意味もある．

以下，電子物性を理解する上で特に重要な共有結合と金属結合について述べる．

■共有結合

共有結合においては，最外殻の**価電子**を隣接する原子間で文字どおり“共有”することによって当該原子が結合する．

まず，基本的な水素原子の共有結合について，図2.15を用いて考える．図中の“等高線”は電子の波動関数（電子雲）を模式的に表わすものである．

水素原子は1個の陽子を持つ原子核と1s軌道の電子1個から成っている．隣接する2個の水素原子の電子のスピンの向きが同じ場合には2個の原子間に斥力がはたらくし，パウリの排他律によって結合は起こらない．結合が起こるのは図2.15(a)に示すように，スピンの向きが互いに異なる場合である．

このような2個の原子が逆スピンによって生じる引力のために，ある距離以内に接近すると，1s軌道の電子は互いに相手の原子核（陽子）に引かれるので，

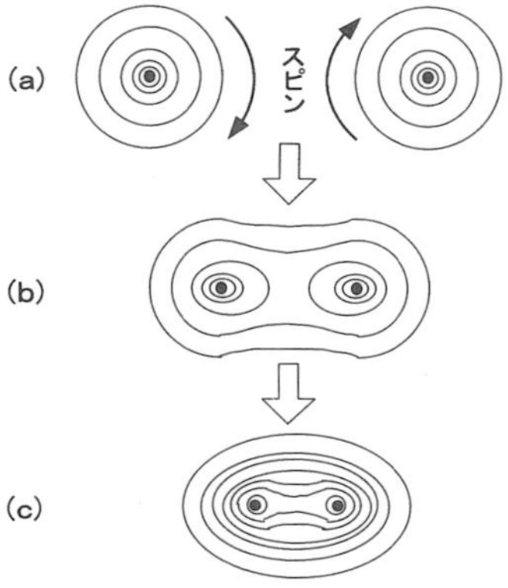

図 2.15　水素原子の共有結合

図 2.15(b) に示すように，電子雲が重なり合うようになる．両原子がさらに接近すると，(c) に示すように，2 個の 1s 軌道は合併し，一つの大きな電子雲を形成する．つまり，2 個の水素原子はそれぞれ 1s 軌道に 2 個の電子（表 2.2 および図 2.13 に示されるように，1s 軌道に存在し得る電子の最大数は 2 個であり，それはスピンの向きが互いに異なる）を共有することになる．このような結合が共有結合と呼ばれるものである．

次に，水素原子の共有結合をエネルギーの観点から考えよう．

2 個の水素原子から成る系の，エネルギー E と原子間距離 d との関係を図 2.16 に示す．なお，このような関係は水素原子の場合のみならず，2 原子分子一般に成り立つものであり，また同様に多原子分子の場合にも拡張できる．2 原子が互いに十分に離れている時，系のエネルギーはそれぞれの原子が持つエネルギーの和と考えてよい．この状態を “$E=0$” とする（図 2.7 参照）．

2 個の原子の電子のスピンの向きが同じ場合には，2 個の原子が接近するにつれて斥力が生じ，E が増大するので，前述のように，結合は起こらない．スピンの向きが反対の場合は，d が小さくなるにつれて E が減少し，d_B で E が最小値 E_B となる．つまり，2 個の原子から成るこの系の安定度が最大になり，これが “結合した” という状態である．この d_B を**結合距離**（平衡状態における原子間距離），E_B を**結合エネルギー**と呼ぶ．そして，両原子が d_B より接近すると，原子核（陽子）同士の斥力の影響で E が増大する．

いずれにせよ，簡単にいえば，2 個の原子（多原子の場合も同じ）は，より大

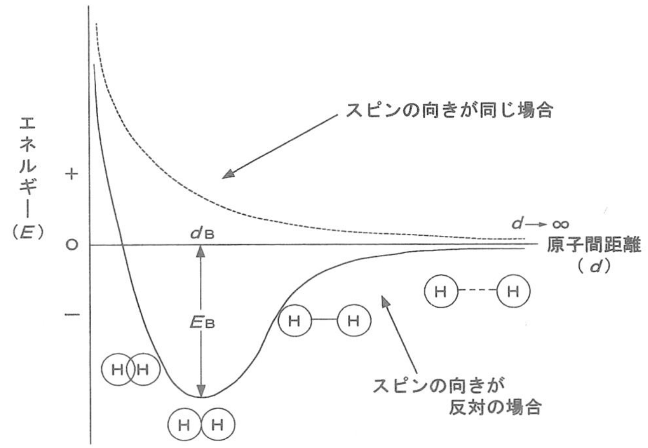

図 2.16　2 個の水素原子からなる系のエネルギーと原子間距離の関係

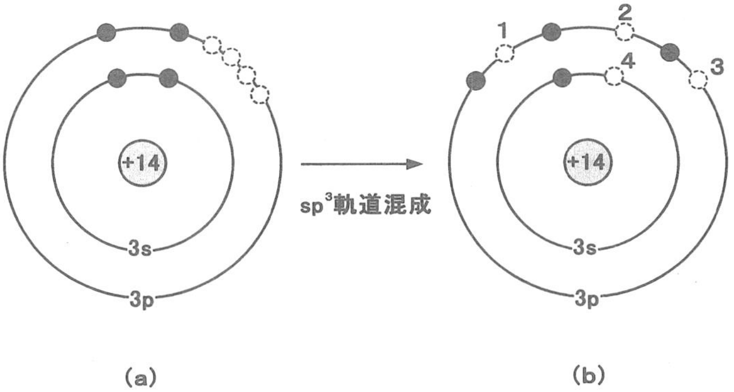

図 2.17　シリコン原子の最外殻の電子軌道と sp³ 軌道混成

きな安定，つまり E の最小値を求めて結合するのである．この“安定”が結合の駆動力である．

次に，第 5 章で述べる半導体の代表ともいえるシリコン (Si) の共有結合について述べる．

シリコンは 4 価の元素で，1 個のシリコン原子は 14 個 ($1s^2 2s^2 2p^6 3s^2 3p^2$) の電子を持っている．化学結合に直接関係する最外殻（M 殻）の電子（価電子）を模式的に図 2.17(a) に●で示す．図 2.13，表 2.2 に示されるように，s 軌道，p 軌道に許される電子の最大数はそれぞれ 2 個，6 個である．強い共有結合が生じるための必要条件は，結合しようとする原子が少なくとも一つの“半分しか満たされない（半分満たされた）”軌道を持つことである．このような軌道に，ほかの原子の価電子が入り込んで“見掛け上”完全に満たす，つまり軌道を“共有”することによって結合が成されるのである．

しかし，図2.17(a)に示されるように，シリコン原子の3s軌道は2個の電子によって完全に満たされており，“定員”6個の3p軌道は1/3しか満たされていない．つまり，この電子配列は上記の共有結合の必要条件を満たしていないので，このままの状態では共有結合は生じない．このようなシリコン原子が共有結合するためには，図2.17(b)に示すように，3s軌道の2個の原子のうちの1個が昇位して3p軌道に上がる必要がある．これを**sp^3軌道混成**という．その結果，3s，3p軌道いずれも“半分満たされた”状態になり，図中1〜4の空位（◌）を互いに隣接する4個の原子の価電子で補完し合うことによって共有結合が成立することになる．

このsp^3軌道混成を波動関数から導かれる電子雲の模式図（図2.12参照）を用いて説明すると図2.18のようになる．1個の3s軌道と3個（x，y，z）の3p軌道とが混成し（図2.17参照），正四面体形のsp^3混成軌道が形成されるので

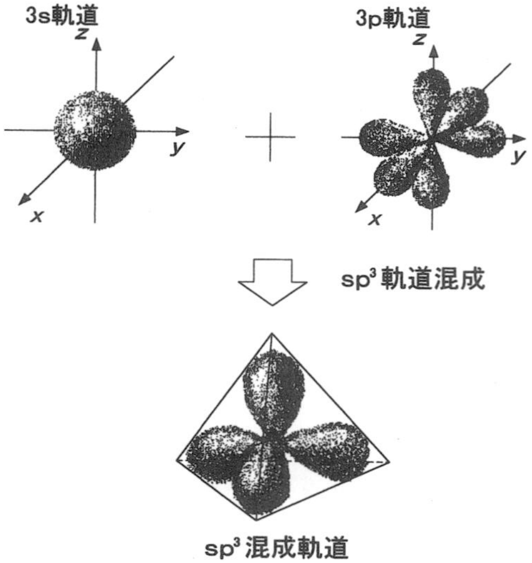

図 2.18　sp^3混成軌道の形成

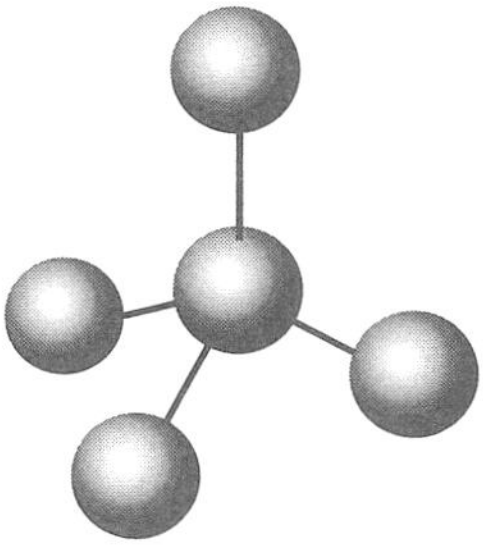

図 2.19 シリコン分子の正四面体構造

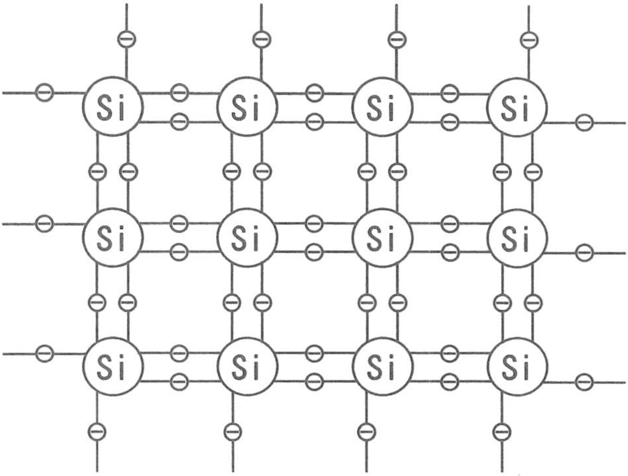

図 2.20 シリコン原子の共有結合（平面概念図）

ある．この結果，シリコン分子の基本形は，図 2.19 に示すように正四面体の頂点に 3 個の原子，中心に 1 個の原子が位置する**正四面体構造**になる．同様の電子配置を持つ（〈付録〉参照）炭素（C）やゲルマニウム（Ge）も同じ構造となる．なお，本来は，それぞれの原子が接するように描くべきであるが，正四面体構造をわかりやすくするために離して描いていることに留意していただきたい．

共有結合するシリコン原子を 2 次元平面図で模式的に表わしたのが図 2.20 である．Ⓢⓘは原子核（＋14q）と 10 個の電子（－10q）を表わしている．各原子はその周囲に 4 個の価電子を持ち，周囲の 4 個の原子との共有結合の結果，見掛け上，最外殻に“定員”数である8個の電子を持つ**閉殻構造**（〈付録〉参照）になっており，それが希ガス（アルゴン）と同様の極めて安定な構造であることが理解できるだろう．

共有結合の第一の特徴は，それが極めて強い結合であることだが，さらに，図2.15や図2.18からも明らかなように，**指向性**が強いことも共有結合の大きな特徴である．

■金属結合

自然界に存在する92種の元素（^{1}H～^{92}U）のうち，83元素は金属である．金属は，非金属とは対照的に，熱と電気の良導体であり，光沢があり，展性や延性もある．金属が有するこれらの特異な性質はすべて**金属結合**と呼ばれる特異な化学結合に起因するものである．

金属結合は一種の共有結合であるが，共有結合の場合のように価電子の共有が隣接した原子間に限られることなく，大原子集団で多数の電子を共有している状態にあるのが特徴である．したがって，金属結合には前述した共有結合に見られるような指向性がない．

大原子集団で多数の電子を共有できるのは，金属原子の原子核の価電子に対する拘束力が弱いためである．このことは，価電子の存在分布（$|\psi|^2$）が非常に拡がっていることを意味し，視覚的には図2.10よりも図2.9(b)の状態にあるということである．つまり，物質を形成するすべての金属原子は最外殻の価電子を失なって陽イオン状態になっていると考えればよい．

原子核の拘束から解放され原子から離れた電子は，共有結合の場合のように，隣接する陽イオン状の原子の間にだけ局在しているわけではないから，特定の原子を結合させるのではなく，構成“イオン”間を自由に動き回って，それぞれの電子がそれぞれ，すべての金属“イオン”を結合させる役目を果している のである．このような電子は**自由電子**あるいは**非局在電子**と呼ばれ，後述する導電性などの電子物性に重要なはたらきをすることになる．自由電子群はあたかも“雲”あるいは“気体”のような挙動を示し，個々の金属原子はこれらに包まれるようにして互いに結びつけられるのである．

代表的な金属原子である鉄(Fe)原子の結合を，図2.21に示すような仮想図で考えてみよう．図の手前には，一つの仮想的な断面が描かれている．

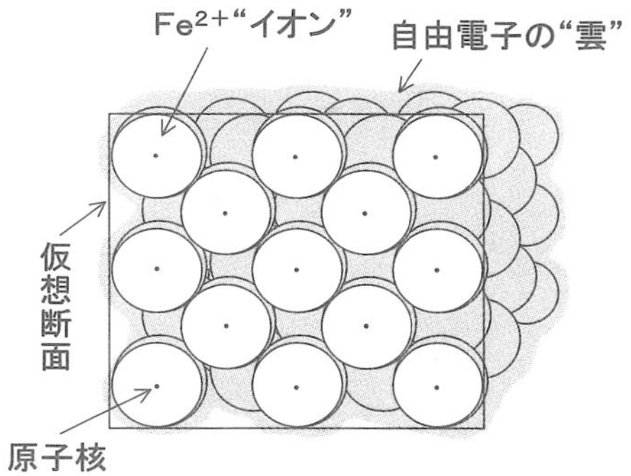

図 2.21 鉄（Fe）原子の結合

Fe 原子の電子配置は（$1s^2\ 2s^2\ 2p^6\ 3s^2\ 3p^6\ 3d^6\ 4s^2$）であり，2 個の 4s 電子を失った Fe 原子，つまり Fe^{2+} "イオン" が自由電子群の "雲" に包まれている．この "雲" を形成するのは，上述のように，構成原子のすべての 4s 電子であり，特定の 4s 電子ではない．これらの自由電子の "雲" が Fe^{2+} "イオン" を，結果的に Fe 原子を結合させているのである．

金属の特徴である大きな導電性と熱伝導性は，このような，非常に動きやすい自由電子群のためである．また，金属光沢，つまり金属表面の高い反射率を生んでいるのも，これらの自由電子群である．通常，照射された光は，その物質の電子のエネルギー準位を高めるために吸収される．つまり，反射光は入射光から吸収光を差し引いた "余り" である．金属内を自由に動き回っている自由電子はすでに十分に活性であり，多くのエネルギーを吸収する必要がないので，入射光の大半を反射してしまう．これが，いわゆる金属光沢と呼ばれるものである．それでも，金，銀，銅，鉄などの金属が，それぞれ特有の色を持っているのは，それぞれがそれぞれの電子エネルギー準位に対応した特有のエネルギー（波長）の光を吸収し，その余色が反射光として見られているからである．

2.2　結晶と電子のエネルギー

2.2.1　結　晶

■固体の分類

すべての物質は原子の集合体である．前節で述べたように，その原子を集合(結合)させる役割を果しているのが電子である．そして，物質は構成原子の結合の物理状態によって気体，液体，固体の三態に分類される．本書が扱うのは固体である．

ある1個の固体全体を眺めれば，固体中の原子の集合（配列）の仕方は3次元的な規則性を持つか，持たないか，のいずれかである．この観点から固体を大別すると，図2.22の2次元模式図で示すように，**単結晶**，**多結晶**，**非結晶**のいずれかになる．なお，図中，○は原子，イオンあるいは分子を表わしているが，以下の説明では原子に代表させる．

（a）**単結晶：**　ある形状を持つ固体（バルク）全体にわたり，原子が規則正しく配列している．

（b）**多結晶：**　部分的には単結晶であるが，バルク全体にわたる配列に規則性がない（“多くの単結晶”で形成されている）．

（c）**非結晶：**　バルク全体にわたり，配列の規則性がない．**アモルファス**固体とも呼ばれる．

これらの固体のうち，本書が扱うのは単結晶である．なお，以後，“結晶”という言葉を使うが，特に断わらない限り，“単結晶”を意味するものと考えてい

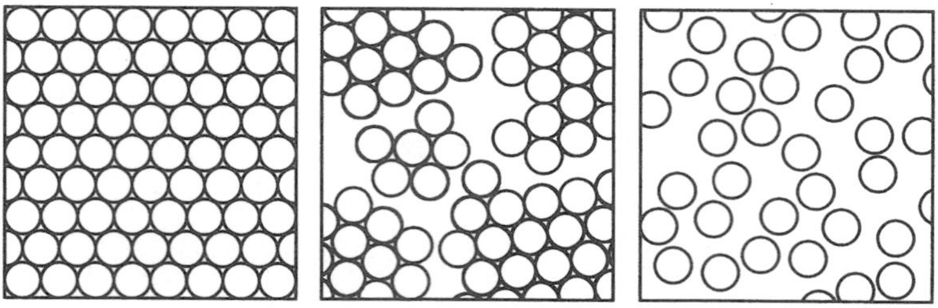

（a）　　（b）　　（c）

図 2.22　固体の分類．(a)単結晶，(b)多結晶，(c)非結晶

ただきたい。

固体材料のさまざまな性質（物性）は，その原子レベルの構造に強く依存する．まずは，その物質が結晶であるか，非結晶であるかに大きく左右される．

■**結晶の特徴**

結晶のさまざまな性質の多くは，その原子配列の仕方（結晶構造）によって決まる．結晶の第一の特徴は，その構成原子が3次元的に規則正しく，また周期的に配列していることである．そのような周期性から，結晶構造は**結晶格子**として特徴づけられる．結晶格子は**単位格子**の3次元的な周期性を持った繰り返しによって形成される．単位格子にはさまざまなものがあるが，それらは基本的に7種の**結晶系**，14通りの基本格子（**ブラヴェ格子**）のいずれかに分類される（詳細については，本シリーズ『したしむ固体構造論』などを参照していただきたい）．

例えば，図2.23は基本格子の複合格子ともいうべき**ダイヤモンド構造**の単位格子を示すものである．ダイヤモンド構造は後述する半導体結晶（シリコン，ゲルマニウム）やダイヤモンド（炭素）などがとる構造で，電子物性の観点からも極めて重要な構造である．なお，図中の数字の意味については，本シリーズ『したしむ固体構造論』などを参照していただきたいが，本書が扱う内容に

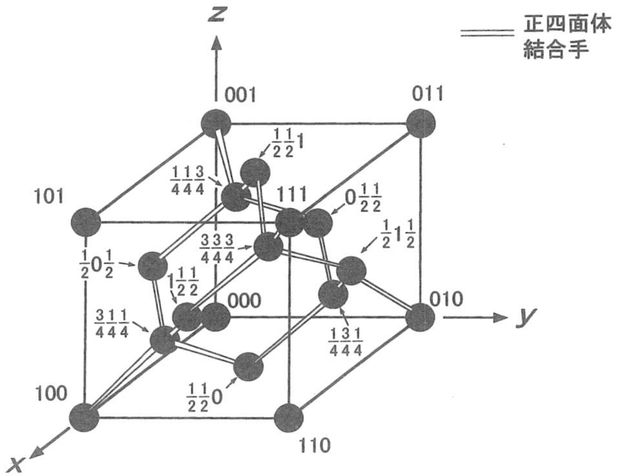

図 2.23　ダイヤモンド構造の単位格子

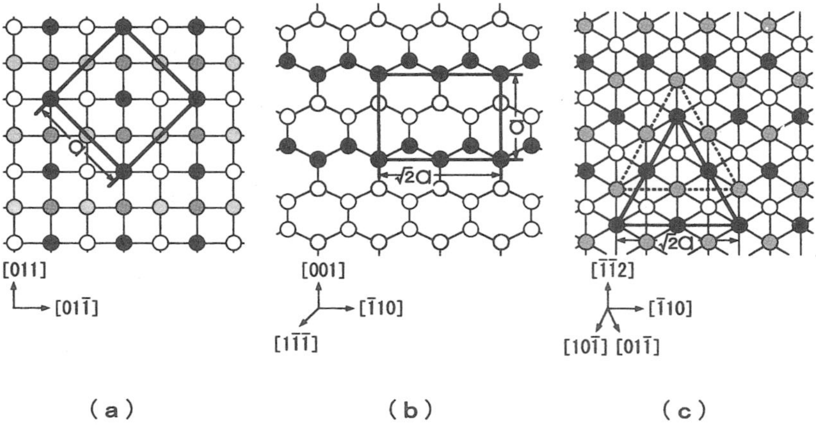

図 2.24 基本結晶方位から眺めたダイヤモンド構造格子の原子配列
(a) [1 0 0], (b) [1 1 0], (c) [1 1 1]

おいては重要ではない．ダイヤモンド構造の結晶は，図 2.23 の単位格子の 3 次元的周期構造を持っていることになる．

結晶は，原子が 3 次元的規則性を持って配列した固体であるがゆえに，さまざまな性質が方位によって著しく異なることになる．具体的にいえば，原子配列が方位あるいは**結晶面**によって異なるのである．

例えば，図 2.24 は，図 2.23 に示すダイヤモンド構造の結晶格子を異なる 3 結晶方位から眺めたものである．異なるシンボルで表わされる原子は，各方位に垂直な異なる原子網面上の原子を表わしている．図中，単位格子が太線で示されている．これらの図から，結晶の原子配列の方位（結晶面）依存性は明瞭であろう．図 2.24 からも十分に予測できるように，結晶の機械的，物理的，化学的，そして電気・電子的特性は，結晶方位に著しく依存するのである．このような性質を**異方性**という．これに対して，構成原子の配列に 3 次元的規則性を持たない非結晶や液体，気体の諸特性は方位に依存しない**等方性**である．結晶の大きな特徴の一つは，この異方性である．本書で述べる電子物性においては，この異方性に触れることはないが，エレクトロニクスにおいて半導体材料を実際に扱う場合は，異方性を十分に考慮しなければならない（拙著『半導体シリコン結晶工学』丸善，1993 参照）．

2.2.2　電子のエネルギー

■原子内のエネルギー準位

まず，最も簡単な構造を持つ水素原子中の電子について考えよう．

水素原子の電子のエネルギー E は

$$E=-\frac{mq^4}{8\varepsilon_0^2 n^2 h^2} \tag{2.14}$$

で与えられた．このエネルギー E は電子が持つ運動エネルギー E_k と位置エネルギー E_p の和であり

$$E=E_\mathrm{k}+E_\mathrm{p} \tag{2.20}$$

である．

このような水素原子中の電子の位置エネルギー E_p（双曲線）と原子核からの距離 r，図 2.7 に示されたエネルギー準位との関係を模式的に表わすと図 2.25 のようになる．主量子数 n が小さくなるほど，つまり電子軌道の半径が小さくなるほどエネルギーが低くなり，電子は安定して存在できる（それだけ原子核の束縛が強い）ことが理解できる．

原子番号（原子核の中の陽子の数）が大きくなるほど原子の構造は複雑になり，電子のエネルギー準位の数も多くなる．

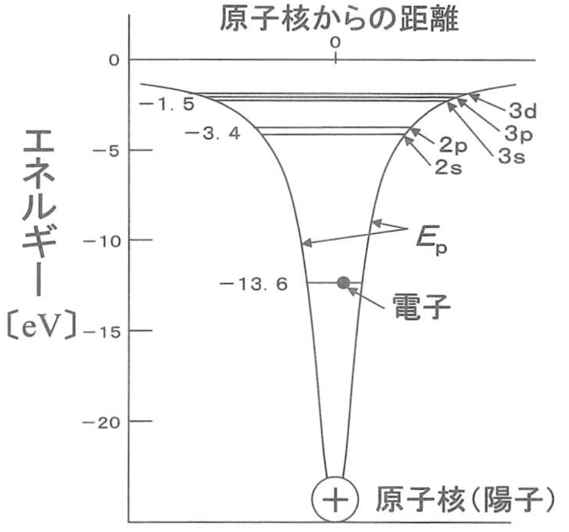

図 2.25　水素原子の電子のエネルギー準位

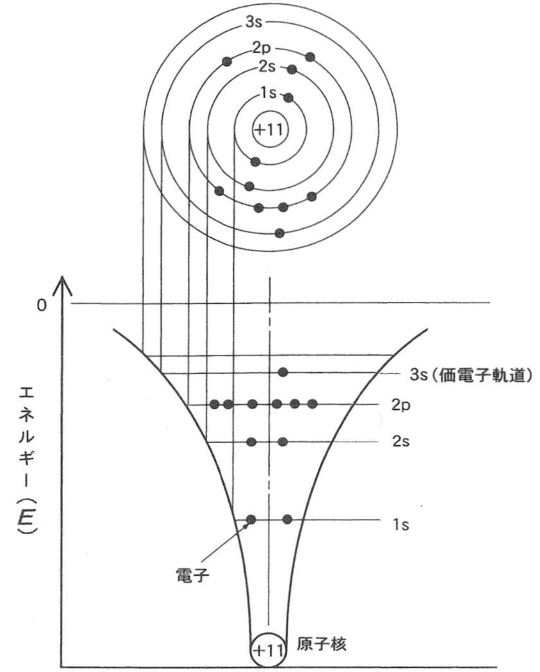

図 2.26　ナトリウム（Na）原子の電子軌道とエネルギー準位

代表的な金属元素の一つであるナトリウム（Na）原子内の電子のエネルギー準位について，図 2.25 で述べた概念を適用して考えてみよう．

原子番号 11 の Na 原子は（$1s^2\,2s^2\,2p^6\,3s^1$）の電子配置を持つ（〈付録〉参照）．それぞれの電子軌道に対応させたエネルギー準位を模式的に図 2.26 に示す．Na 原子は全部で 11 個の電子を持っているが，位置エネルギー（E_p）“井戸”の底（$n=1$）から高い方へ順に詰まっていく．最外殻の価電子軌道（3s 軌道）には 2 個の電子が入り得るが，Na では 1 個しか入っていない．これが価電子であって，Na 原子の諸特性に重要な影響を及ぼす．

次に，代表的な半導体であるシリコン（Si）原子の電子配列とそれに対応させたエネルギー準位を，Na 原子の場合と同様に図 2.27 に示す．図 2.17(a)で説明したように，この時点で，つまり孤立した Si 原子の電子は“完全に満たされた”3s 軌道と“1/3 しか満たされない”3p 軌道上に存在する．したがって，こ

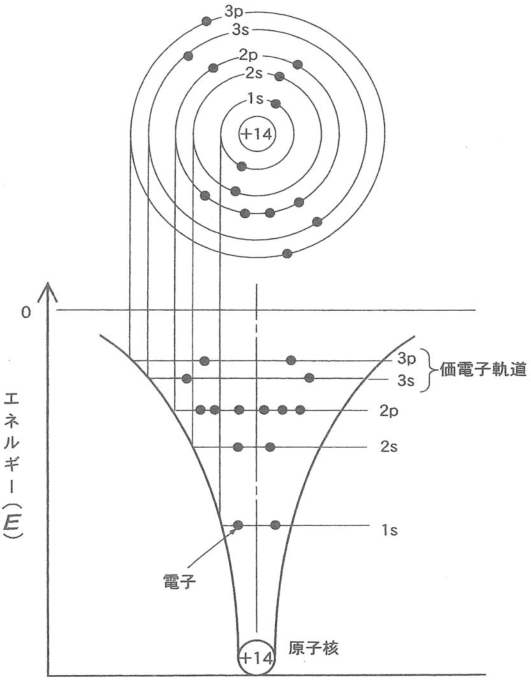

図 2.27　シリコン（Si）原子の電子軌道とエネルギー準位

のままの状態では共有結合できないわけである．

■分子内のエネルギー準位

次に，複数個の原子で形成される分子内の電子のエネルギー準位について考えよう．

原子が互いに接近すると，相手の原子核（陽子）と電子との相互作用の結果，電子の軌道もそのエネルギー準位も，それぞれの原子が孤立して存在している場合と異なったものになる．

2 個の水素原子が接近した場合のそれぞれの電子軌道（電子雲）の変化と原子間距離と系のエネルギーとの関係はそれぞれ図 2.15, 2.16 に示したとおりである．この時のエネルギー準位の変化を，図 2.15 を参照しながら，図 2.28 で考えてみる．なお，図 2.28 では，2 個の水素原子の相互作用による電子軌道の形状の変化を理解しやすくするために，意識的に軌道を扁平な楕円に描いている．

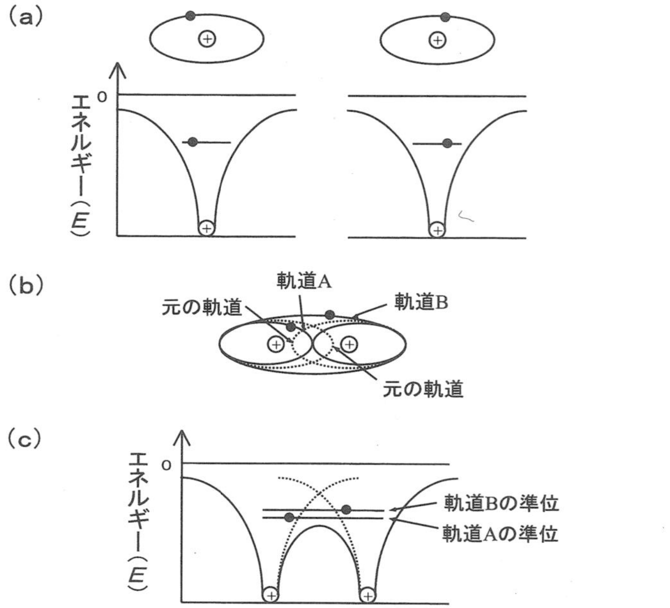

図 2.28　孤立した2個の水素原子(a)が接近したとき(b)の電子軌道とエネルギー準位(c)

図2.28(a)には互いに孤立する2個の水素原子の電子軌道とエネルギー準位が簡略化して描かれている．このような2個の原子が各々の電子軌道(電子雲)が重なり合うほどに接近すると，(b)に示すように，軌道A，軌道Bの2個の新たな軌道が生まれ，2個の電子はこれらの軌道上を回転運動するようになる．

さて，2個の原子が接近すると，それぞれの電子は，2個の原子核（陽子）の静電引力を受けるので，その位置エネルギー E_p は(c)に示すように，孤立して存在する場合（破線）よりも低くなる．E_p の低下は2個の原子核に挟まれた領域（内側）では著しいが，静電引力は距離の2乗に反比例するので，外側では原子核から離れるに従って無視できるようになる．

また，電子の運動エネルギー E_k が原子の接近によって変化しないとすれば，図2.28(b)に示される軌道Bの原子核への平均距離は軌道Aのそれよりも大きいので．軌道Bを運動する電子のエネルギー準位 E は軌道Aを運動する電子の E よりも大きいことになる．

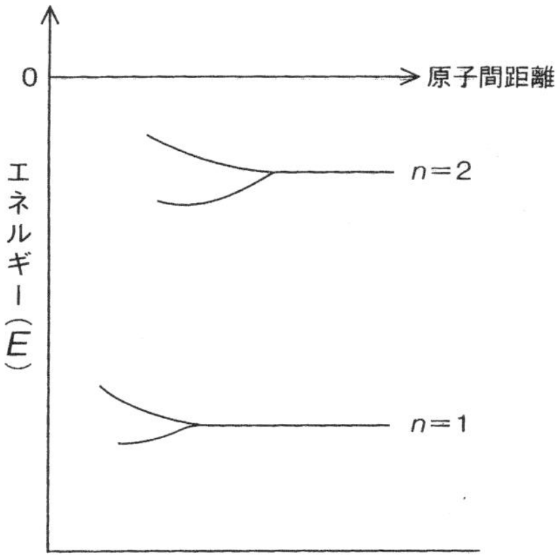

図 2.29　2原子の接近によるエネルギー準位の分裂

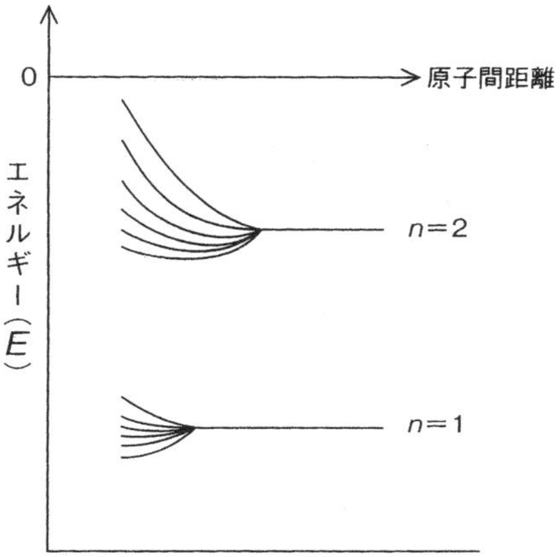

図 2.30　仮想的6原子分子 H_6 におけるエネルギー準位の分裂

ここで重要なことは，孤立していた2個の原子が接近すると，それまで一つのエネルギー状態であった準位が2個に分裂することである．また，2個の原子が接近すればするほど，その分裂した準位間の差が大きくなることも理解できるだろう．一般的に，2原子が接近して，2原子分子を形成する場合に生じるエネルギー準位の分裂を定性的に表わすと図2.29のようになる．これは後述する**エネルギー帯（バンド）図**につながる極めて重要な概念なので，しっかり理解していただきたい．さらに細かいことをいえば，主量子数 n が増すほど，その電子軌道は平均的に原子核から遠い位置に存在するから，そのエネルギー準位の分裂は遠距離のところで起こることも容易に理解できるだろう．

次に，以上の考察を延長し，6個の水素原子から成る仮想的な6原子分子 H_6 のエネルギー準位について考えてみよう．このような多数個の原子から成る分子について考えることは，次項で述べる結晶内のエネルギー準位を理解する準備になるのである．

6個の原子が互いに近づくに従って，2個の原子が近づいた場合と同様に，図2.30に示すように6準位に分裂するのである．このように，一般的に，N 個の原子から成る分子の個々のエネルギー準位は N 個に分裂することになる．

■固体内のエネルギー準位

N 個の原子から成る分子内の電子のエネルギー準位の考え方は無数（N

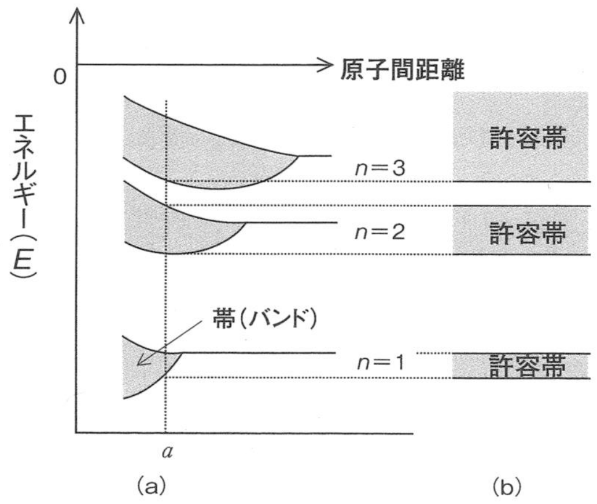

図 2.31 固体のエネルギー帯

≈∞）の原子から成る固体にまで拡張できる．

個々の原子が互いに接近し，その外殻電子軌道（電子雲）が重なり合うようになると，電子は自分が属する原子のみならず，必然的に他の原子からの影響も受けるようになる．それは最外殻電子に最も顕著に現われるが，程度の差こそあれ，直接的，間接的にすべての電子にも及ぶものである．

N 個の原子から成る分子内の電子のエネルギー準位は図 2.30 に示したように N 個に分裂する．非常に多くの原子で構成されている固体の場合，準位の分裂は非常に多くなるので分裂した各準位は極めて接近する．そのため，図 2.30 のようにそれぞれのエネルギー値を識別できる 1 本の線で表わすのは困難である．したがって，このような場合のエネルギー準位は個々のエネルギー値(1 本の線)ではなく，図 2.31(a)に示すような幅を持ったエネルギーの“帯(バンド)”として表わされることになる．このような“帯”を**エネルギー帯**あるいは**エネルギー・バンド**と呼ぶ．実際は，それぞれのエネルギー帯には量子化された個々のエネルギーを表わす“線”が無数に存在しているわけであるが，実質的にはエネルギー準位は連続しているものと考えてよい．

ここで，いままで述べた“固体”を“結晶”と考える．

結晶は 2.2.1 項で述べたように，構成原子が 3 次元的周期性を持って規則正しく配列している固体である．結晶を構成する原子間の平均距離を a とし，それを図 2.31(a)に描く．その a の位置における $n=1, 2, 3$ のそれぞれのエネルギー帯を(b)に示す．実質的に連続的なエネルギー準位を含むエネルギー帯を**許容帯**（そこに電子が存在することが“許容”されるという意味）と呼ぶ．なお，(b)ではエネルギー帯をわかりやすくするために a の“幅”を拡大して描いているのであって，(b)における横軸の“幅”には深い意味がないことを承知していただきたい（今後しばしば登場する**バンド図**においても同様である）．

チョット休憩●2
湯川秀樹の中間子理論と“霊感”

日本で最も有名な物理学者といえば，やはり，日本人初のノーベル賞を受賞した湯川秀樹（1907―1981）であろう．特に，ある年代以上の日本人であれば，物理学とはまったく無縁であっても，湯川秀樹の名前を知っているはずである．

湯川秀樹がノーベル物理学賞を受賞したのは，1949 年で，それはまさに，日本が戦争に負けてから数年後の時期で，日本国中が物質的にも精神的にも惨憺（さんたん）たる状況下にあった．このような日本を明るくし，日本人に再び勇気を与えたのが，この年の 2 大ニュースだった．一つは，この年の全米水泳選手権に出場した古橋広之進（1928―）が自由型種目で世界新記録を連発し，当時世界最強だったアメリカ人選手を圧倒したことである．この古橋選手は「フジヤマのトビウオ」と呼ばれる英雄になった．もう一つの，日本人を熱狂させたニュースが，湯川秀樹のノーベル物理学賞の受賞である．

湯川秀樹の受賞対象になったのが「中間子理論」と呼ばれるものである．

この理論の詳細については「素粒子論」の教科書や専門書に任せ，簡単に説明すれば，陽子と中性子とで形成されている原子核がどうして陽子同士の反撥力（斥力）でバラバラにならないのか，という疑問を解くものである．それは“核力”によるのであるが，湯川の独創性は，核力を中性子と陽子が中間子なる粒子（“π（パイ）中間子”）を交換（いわば“キャッチボール”）し合うエネルギーによって生じる力だと直感したことである．

この直感は 1934 年 9 月 21 日，神戸和田岬に上陸した史上最大級の「室戸台風」の時に閃いたらしい．自然の異変は，感性の鋭い天才には何かのインスピレーションを生ませるらしい．自然環境が科学者に“霊感”を与えたと思われる例としては，ハイゼンベルクの行列力学の発見が有名である（私はそれを，マイケル・フレイン脚本の劇「コペンハーゲン」で感動的に味わったことがある).

芸術であれ，学問であれ，どんな分野でも，天才の鋭い感性が，ある時，自然との一体感を覚え，大きく共鳴することによって偉大な仕事が生まれるのではないかと思う.

いずれにせよ，一般に，偉業の陰には興味深いエピソードがあるものだが，湯川理論誕生前後についても例外ではない. というより，あまり一般には知られていない，意外で驚くほどのエピソードがたくさんあることを，私は，松尾博志『電子立国日本を育てた男―八木秀次と独創者たち―』(文藝春秋，1992)を読んで知ったのである.

■演習問題

2.1 電磁理論を適用した時のラザフォードの有核原子モデルの矛盾を述べよ.

2.2 ボーアの原子モデルにおける電子のエネルギー

$$E=-\frac{mq^4}{8\varepsilon_0^2 n^2 h^2}$$

を導け.

2.3 物質波の考えを確立したド・ブロイの発想の画期性を説明せよ.

2.4 フェルミ粒子とボーズ粒子について説明せよ. また，そのことに関連し，レーザー光線のような光を大きなエネルギーを持つ小さな点に集光できる理由について説明せよ.

2.5 共有結合距離，共有結合エネルギーについて，図を用いて説明せよ.

2.6 共有結合が生じるための条件を述べ，シリコン原子を例に sp^3 軌道混成について説明せよ.

2.7 鉄 (Fe) の結晶を例に，金属結合および非局在電子について説明せよ.

2.8 金属が“金属光沢”を持つ理由を述べよ. また，金，銀，銅などがそれぞれ特有の色を持っている理由を説明せよ.

2.9 2個の水素原子が互いに影響を受け合うくらいに接近した場合に生じる電子の軌道とエネルギー準位について説明せよ.

2.10 100個の水素原子から成る仮想的な水素分子 H_{100} の中の電子のエネルギー準位の分裂の様子を図示し，結晶におけるエネルギー帯を実感せよ.

3 導電性

われわれの日常的な「文明生活」において，電気は不可欠である．電気がいかに利用されているか，また電気とは何か，については第1章で簡単に触れたのであるが，私にとっては依然として電気は不思議なものである．電気の“正体”はなかなかつかみにくいのであるが，われわれの生活に欠かせないほど重要で，便利なものであることは厳然たる事実である．

電気が，図1.3に示したような“仕事”をしてくれるのは，簡単にいえば，電気が流れてくれるからである．電気の根源は電荷であるから，“電気が流れる”ということは“電荷が移動する”ということである．

本章では「電子物性」の基本として，電荷の移動すなわち導電性について述べる．そして，金属のような導体が後述する絶縁体，半導体などと基本的に何が異なるのかを考える基礎とする．

3.1　電気伝導

3.1.1　電気伝導の基本

■電流

われわれが図 1.3 に示したような電気製品を使う時の第一歩はプラグをコンセントに差し込むことである．こうして，電気製品に“電気を導き入れる”のである．電気伝導とは電気の流れ，すなわち**電流**のことで，具体的にいえば，前章で述べた**自由電子（伝導電子）**が特定の方向に移動することである．

われわれは，日常経験から，図 1.2 に示したように，物質には金属のような電気が流れやすい導体とガラスやゴムのような電気が流れにくい絶縁体があることを知っている．図 3.1 は，前章で述べた原子の構造や原子間の結合などを無視して摸式的に描いた導体と絶縁体内の電子の様子である．導体内には原子核あるいは結合の拘束から解放された自由電子が存在するが，絶縁体内にはそれがない．このような自由電子が“電気の運び屋”(**キャリア**)になるのである．

いま，負電荷（電子）⊖が蓄えられた負電荷体と正電荷⊕が蓄えられた正電荷体という仮想的物体を考え，これらを図 3.2 に示すように導体（自由電子の

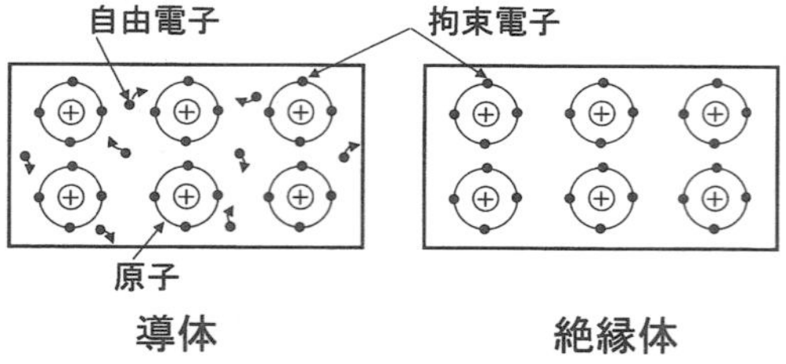

図 3.1　物質内の自由電子と拘束電子

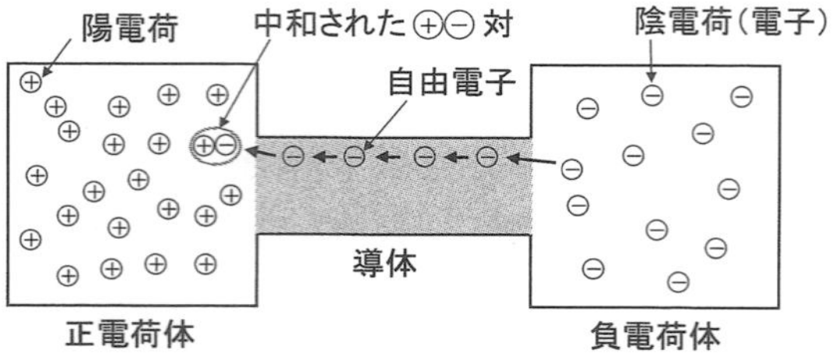

図 3.2　負電荷体から正電荷体への電子の移動

み描いている）の両端に接続したとする．負電荷体内の負電荷(電子)は正電荷体内の正電荷を“中和”しようとして(一種の**拡散現象**である)正電荷体内に向かおうとする．いま，1個の電子が電気的中性が保たれている導体内に入ったとすると，この電子に押されて導体内の自由電子は順次左に移動し，左端の自由電子は正電荷体内に押し出され，1個の正電荷と対（つい）(ペア)を作って中和する(負電荷体内の電子と導体内の自由電子との間には一切の区別がないことに注意)．

もし，正電荷の数が負電荷（電子）の数より多ければ，このように，負電荷体から正電荷体へ，負電荷体内の電子が枯渇するまで電子の移動が続くだろう．このような電荷の流れ（移動）が電流である．

ここで大切なことは，導体内では常に電気的中性が保たれなければならないことである．つまり，導体の左端から電子が正電荷体に移動した瞬間に，右端の負電荷体内から電子が供給されなければならない．したがって，上述のように，供給される電子が枯渇した時点（あるいは，正電荷体内のすべての正電荷が中和された時点）で電流が止まることになる．

また，図3.2の導体を自由電子が存在しない絶縁体（不導体）に置き換えた場合には電流が生じないのは明らかであろう．

ところで，電流の“向き”は，「電子が移動する方向の逆」と定義されている．この“向き”の定義に深い意味はなく，電子がまだ発見されていなかった19世紀初頭の学者が「電気は電池の陽極（＋）から陰極（－）に流れる」と考えたことに端を発しているに過ぎない．また，「電子は負電荷」ということも，たまたまそのように決められたに過ぎず，現在もこれらの慣習に従っているだけなのである．

■電圧

ものでも熱でも（人間の智恵も？）何でも“高い所”から“低い所”へ移動する（流れる）ことになっている．

電気の流れ（電流）も水の流れ（水流）と同じように考えることができる．

図3.3(a)に示すように，水位差をつけたタンクAとタンクBの間の水門を開けば水位差がなくなるまで水は水路を流れる．このような水流を起こす力は水位差が生む水圧である．電流が生じるためにも同様な力が必要で，その力は図3.3(b)に示すような水の場合の水位差に相当する**電位差**が生む**電圧**である．

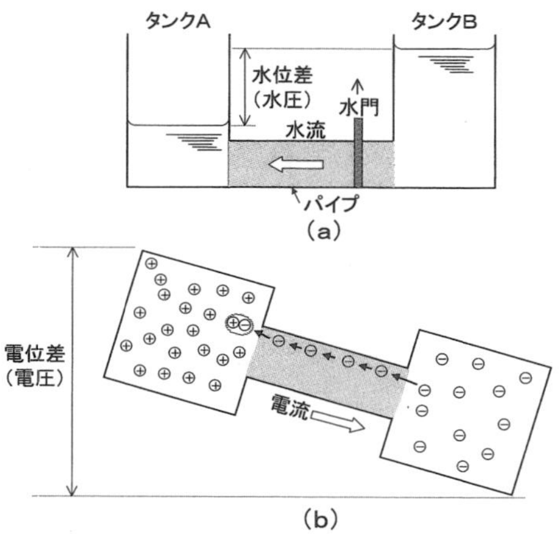

図 3.3 水位差による水流(a)と電位差による電流(b)

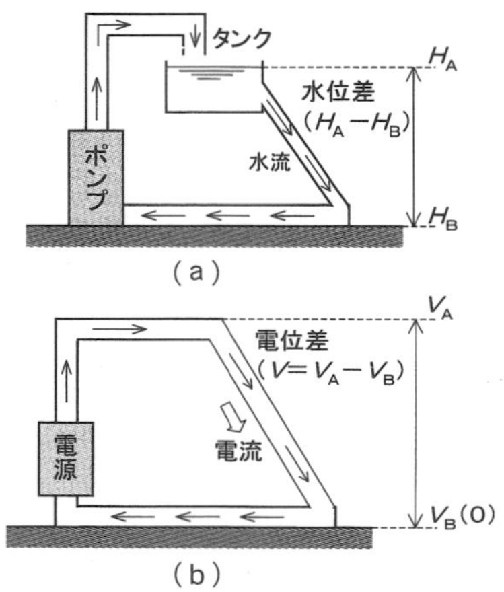

図 3.4 ポンプによる水流(a)と電源による電流(b)

図 3.3(a)でタンク A とタンク B との間に水位差がなくなれば水流が止まる．水を常に流すためには，図 3.4(a)に示すように，ポンプを用いて水をタンクに揚げ，水位差($H_A - H_B > 0$)を保てばよい．H_A，H_B はそれぞれタンクおよび基準の水位を表わす．同様に，電流を保つためには，図 3.4(b)に示すように電池などの電源によって電位差（電圧）$V\,(= V_A - V_B)$ を生じさせればよい．V_A，V_B はそれぞれ電源および基準の電位である．

■抵抗

パイプに水を流す時，パイプの太さ，長さ，内壁の滑らかさなどによって水の流れやすさ，あるいは流れにくさ（抵抗）は異なる．電流の場合も同様に，電気の流れやすさ，あるいは流れにくさは導体の形状や性質によって異なる．電気の流れにくさを**電気抵抗**（以下，**抵抗**と略記）というが，これを R で表わせば，物質の抵抗 R は長さ L に比例し，断面積 S に反比例する．このことは，自分自身がパイプの中を通過する時のことを考えてみるとわかりやすい．“辛さ”を“抵抗”と考えると，パイプが長いほど辛いし，パイプの断面積が大きいほど楽なはずである．つまり，

$$R \propto \frac{L}{S} \tag{3.1}$$

である．また，同じ長さ，同じ断面積のパイプであっても，材質によって，その辛さ，楽さ加減は異なるであろう．つまり，式 (3.1) の比例定数を ρ とすれば，式 (3.1) は

$$R=\rho\frac{L}{S} \tag{3.2}$$

となる．この比例定数 ρ を**抵抗率**あるいは**比抵抗**と呼ぶ．

電気抵抗の単位を [Ω] (オーム)，長さの単位を [cm] とすれば，式 (3.2) より，抵抗率 ρ の単位は

$$\rho=R\cdot\frac{S}{L}$$

$$\rightarrow\quad[\Omega]\cdot\frac{[\mathrm{cm}^2]}{[\mathrm{cm}]}\quad\rightarrow\quad[\Omega\cdot\mathrm{cm}]$$

となる．

抵抗 R は物質の形態によって変わってしまうが，抵抗率 ρ は物質特有の物理定数だから一定条件下では不変である．この抵抗率の観点から物質を分類したのが図 1.2 であった．

また，抵抗率 ρ は電気の流れにくさを示す係数であるが，電気の流れやすさを表わすには，抵抗率の逆数である**導電率** $\sigma(=1/\rho)$ を用いる．しかし，物質の電気伝導 (導電性) について考える場合には，一般に，導電率よりも抵抗率が使われる．

さて，電気伝導の基本である電流 (I)，電圧 (V)，抵抗 (R) の関係について述べておこう．これらの間には，**オームの法則**と呼ばれる

$$I=\frac{V}{R} \tag{3.3}$$

$$V=IR \tag{3.4}$$

$$R=\frac{V}{I} \tag{3.5}$$

という関係がある．なお，電流，電圧の基本単位はそれぞれ [A] (アンペア)，[V] (ボルト) である．

3.1.2 電気伝導のメカニズム

■電子の運動

いままでの説明は，電気伝導を巨視的に眺めたものである．日常的な感覚で電気の流れについての概要が理解できたことと思う．次に，電気伝導を電子の運動という観点から微視的に考えてみよう．

図 2.21，図 3.1 に模式的に示したように，導体（金属）の中には多数の自由電子が存在する．このような金属がある温度で平衡状態にあると，金属内の自由電子は，その温度における平均速さ v_0 で勝手な運動をしている．いま，1 個の自由電子に着目すると，図 3.5(a)に示すように，金属陽イオン（2.1.3 項参照）と衝突を繰り返し，その進行方向は定まらない．したがって，長時間にわたる電子の実質的な移動距離（平均移動距離）は 0 になる．

次に，図 3.5(b)に示すように，電界（電場）$\mathscr{E}$ をかけると，自由電子は電界と反対の向きに $\boldsymbol{F}(=q\mathscr{E})$ の力を受けるので，金属陽イオンとの衝突と衝突の間に電界の向きと逆方向に加速され，平均してその方向に移動することになる．電子の質量を m，速度を v(正確には $v=|\boldsymbol{v}|$)とすれば，電界 $\mathscr{E}$ によって生じる電子の加速度 a_e は，

$$a_e=\frac{dv}{dt}=\frac{q\mathscr{E}}{m} \tag{3.6}$$

で与えられる．この場合の時間（t）と電子の速度（v）との関係は，各衝突間の時間が異なるから衝突の瞬間の電子の速度は不定であり，図 3.6(a)のようになるだろう．しかし，電子が平均して時間 2τ ごとに陽イオンとの衝突を繰り返すと考えれば，2τ の間電子は a_e で加速され $v=v_{max}$ に達し，2τ 後に衝突して

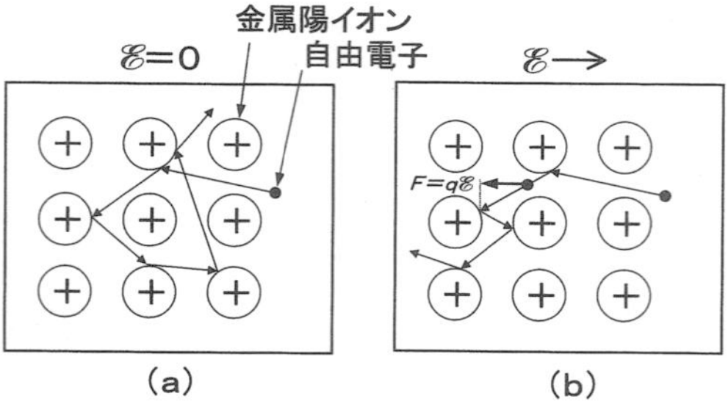

図 3.5 金属内の自由電子の運動．(a)電界がない場合，(b)電界 $\mathscr{E}$ がかけられた場合

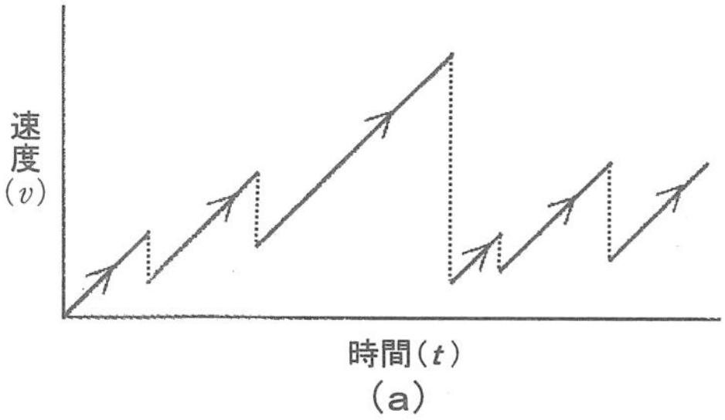

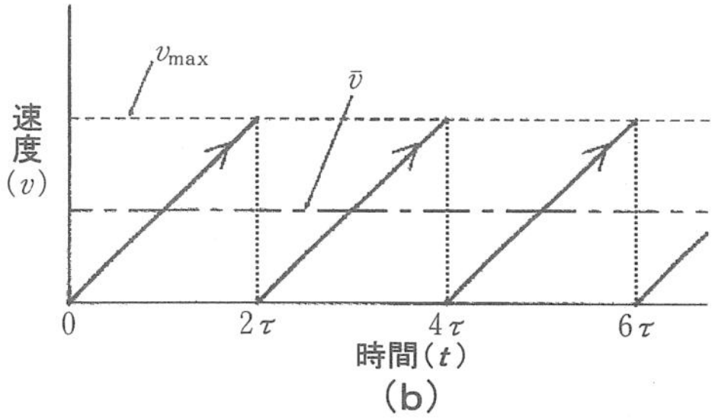

図 3.6 電子の速度変化. (a)衝突間の時間が一定でない場合, (b)衝突間の時間が 2τ の場合

$v=0$ となる．その場合の時間と速度との関係は図 3.6(b)のようになる．v_{max} は

$$v_{max}=\frac{q\mathscr{E}}{m}\cdot 2\tau \tag{3.7}$$

で与えられるから，電子の平均速度 $\bar{v}$ は

$$\bar{v}=\frac{1}{2}\left(0+\frac{q\mathscr{E}}{m}\cdot 2\tau\right)=\frac{q\tau}{m}\mathscr{E} \tag{3.8}$$

で与えられる．

つまり，電子の電界の作用によって生じる速度（**ドリフト速度**と呼ぶ）は電界の強さに比例することがわかる．式（3.8）の比例定数を

$$\frac{q\tau}{m}=\mu_e \tag{3.9}$$

とおき，この μ_e を電子の**移動度**(あるいは**易動度**)と呼ぶ．μ_e は電子の動きやすさを表わす量で，当然のことながら，物質によって異なる．この μ_e を使い，式（3.8）を書き換えると

$$\bar{v}=\mu_e\mathscr{E} \tag{3.10}$$

となる．この式は，導体（金属）に限らず，一般の固体中の電子のドリフト速度を表わすもので，第5章で述べる電気伝導において重要な意味を持つことになる．

図3.5，3.6は1個の電子について考えたものであるが，いま，自由電子(伝導電子）が単位体積中にN個あるとすれば，**電流密度**Jは

$$J=Nq\bar{v} \tag{3.11}$$

で与えられ，式（3.10）を式（3.11）に代入すると

$$J=Nq\mu_e\mathscr{E} \tag{3.12}$$

が得られる．

また，式（3.9）を式（3.12）に代入すれば

$$J=\frac{N\tau q^2}{m}\mathscr{E} \tag{3.13}$$

が得られ，この比例定数を

$$\begin{aligned}\sigma&=Nq\mu_e\\&=\frac{N\tau q^2}{m}\end{aligned} \tag{3.14}$$

と置けば

$$J=\sigma\mathscr{E} \tag{3.15}$$

となる．実は，この比例定数が前述の抵抗率ρの逆数である**導電率**なのである．したがって，式（3.15）は

$$J=\frac{\mathscr{E}}{\rho} \tag{3.16}$$

に書き換えられ，これは前述のオームの法則，式（3.3）の別の表現（微視的表現）にほかならない．電界の作用によって生じる電流を**ドリフト電流**と呼ぶ(107ページ参照)．

ところで，ある位置に置かれた電荷に力がはたらくのは，そこに「電気の場」があるからだと考える．そして，電気の場を「電界」（あるいは「電場」）というのである．ある位置に電荷を置いた時に，その電荷にはたらく力の大きさを，その位置の「電界の強さ」，そして力がはたらく方向を「電界の方向」と呼ぶ．したがって，私は「電界（電気の場）をかける」という表現にいささか抵抗を感じるのであるが，本書では，他書の慣用に従って「電界をかける」という言葉を使っている．この「電界をかける」というのは，「ある強さ [V/cm] の電界を与える」「電界（電場）に置かれる」という意味に理解していただきたい．

■電子のエネルギー帯

前章で無数（$N \approx \infty$）の原子から成る固体（結晶）内の電子のエネルギー帯（図 2.31 参照）について述べた．

ここで，導体（金属）内の電子のエネルギー帯について考えてみよう．

例えば，図 2.26 に示したようなエネルギー準位を持つ Na 原子が結合して Na 結晶（$N \approx \infty$）を形成すると，各原子内には図 2.31 に示したようなエネルギー帯が生じる．N 個の原子から成る結晶中には，各々のエネルギー帯の中に N 倍個のエネルギー準位が存在することになる．つまり，1s に $2N$ 個，2s に $2N$ 個，2p に $6N$ 個，…の準位が存在することになる．また，電子もそれぞれの準位に相当する数だけ，その準位に入ることができる．

また，結晶内の電子の位置エネルギー E_p は結晶を構成する原子配列と同じ周

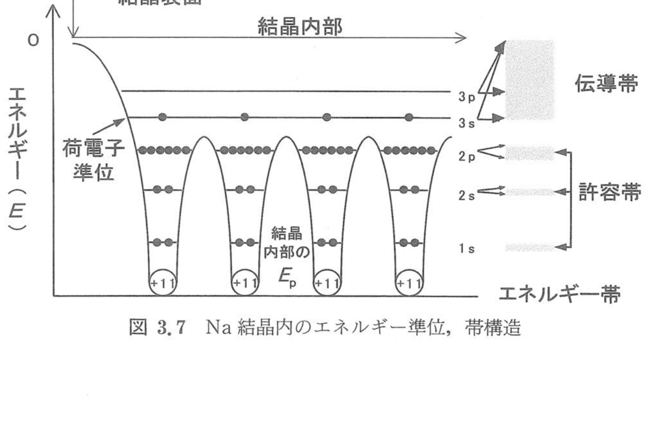

図 3.7　Na 結晶内のエネルギー準位，帯構造

期性を持つことになる.

以上のことをまとめて，Na 結晶内の電子のエネルギー準位とエネルギー帯構造を模式的に表わしたのが図 3.7 である（いうまでもないと思うが，図には 4 個の Na 原子のみが描かれているが，実際には図の右方向に $N \approx \infty$ に続くのである）.

エネルギー帯で，3s 帯と 3p 帯とが重なり合っていることに注目していただきたい．この“重なり”は，本来 3s 電子である電子のいくつかが 3p 帯の“底”の方に移っていることを意味する．このような帯構造が，後述する導体(金属)の導電性を理解する鍵になるのである.

また，図 3.7 に示す結晶内部の E_p 曲線に見られる周期性は上述の原子配列の周期性に対応するものである．互いに隣接した原子間の電子の E_p は，結晶表面のように $E_p \sim 0$ まで上がらずに，各原子の 3s エネルギー準位の下位に“山”(E_p 曲線の極大)を作る．その理由については，図 2.28(c)の説明をよく読んで理解していただきたい.

したがって，孤立した原子の場合，個々の原子核に束縛された Na の 3s 価電子のエネルギー準位(図 2.26 参照)が，結合の結果，図 3.7 に示されるように，E_p 曲線の“山”より上位になるので，元の原子を離れ結晶内を自由に動くことができるのである（このことを図 3.7 を眺めて感覚的に理解していただきたい)．実は，このようなエネルギー準位にいる電子が，図 2.21 で説明した金属結合における**自由電子**だったのである．そして，図 3.5(b)で述べたように，ある方向に電界をかけると，負に帯電している自由電子は陽電極の方に移動し電流が生じることになる．このような自由電子は電気伝導にあずかることから，**伝導電子**と呼ばれる.

さて，ここで図 3.7 の右端に描かれるエネルギー帯を見ていただきたい.

図 2.31 で説明したように，実質的に固体内の電子の連続的なエネルギー準位を含む，つまり電子の存在が許容されるエネルギー帯を**許容帯**と呼んだ．許容帯の中でも，自由電子が存在する(後述するように，半導体，絶縁体の場合は，存在し得る）許容帯を特に**伝導帯**と呼ぶ．図 3.7 に示すように，伝導帯に，常に自由電子（伝導電子）が存在していることが金属の大きな特徴の一つであり，それが導体である理由なのである.

自由電子は結晶内を自由に動くことはできるが，結晶の外へ飛び出ることはない．それは，図 3.7 の左端に示されるように，結晶表面の原子は片側（表面側）に結合原子を持たないので，孤立した場合に近い $E_p(\approx 0)$ を有し，自由電子といえどもこのエネルギーを越（超）えることができないからである．自由電子を結晶外に導くには電界などによって外部からエネルギーを与えることが必要である．

■フェルミ分布とフェルミ準位

いま述べたように（図 3.7），量子化されたエネルギーを持つ電子は許容帯にしか存在できない．その許容帯は，図 2.31 で説明したように，量子化された無数のエネルギー準位群から成る“一定の幅”を持っている．そのような“幅”の中で，ある特定のエネルギー準位 E に存在する電子の数の分布は温度に依存し，

$$f(E)=\frac{1}{1+\exp\{(E-E_F)/kT\}} \qquad (3.17)$$

という分布関数で与えられる．ここで，E_F は**フェルミ準位**（後述），k は**ボルツマン定数**，T は絶対温度である．いい方を換えれば，一つの電子が，ある特定のエネルギー準位 E を占める確率 $f(E)$ を示すのが式（3.17）である．このような分布関数を**フェルミ・ディラック分布関数**あるいは簡単に**フェルミ分布**と

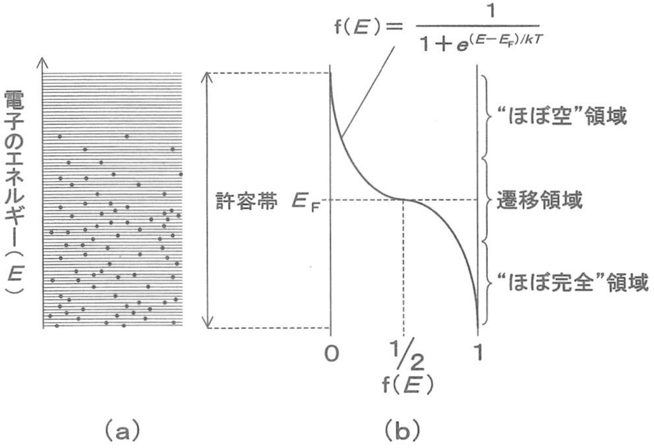

図 3.8 フェルミ分布

呼ぶ．

フェルミ分布を図 3.8 で視覚的に考えてみよう．(a)に示すのは，ある温度 T において，ある許容帯を構成するエネルギー準位（図 2.30，図 3.7 参照）を占める電子の様子を模式的に描いたものである．低い方のエネルギー準位はほぼ完全に電子に占められている（“ほぼ完全”領域）が，準位が高くなるにつれて占められる割合が小さくなる．そして，許容帯の上端の近くになるとほとんど“空”の状態（“ほぼ空”領域）である．

図 3.8(b)はフェルミ分布を(a)に対応させて描いたものである．図の下端に $f(E)$ の値（電子の存在確率）が記されている．

$E \gg E_F$ の場合は，$f(E)=1/\infty \approx 0$ になり，そのような E を持つ電子は“ほぼゼロ”（存在確率が“ほぼゼロ”）であることが示される．また，$E \ll E_F$ の場合は，$f(E) \approx 1$ になり，そのような E の準位は“ほぼ完全”に満たされている（存在確率が“ほぼ 100 %”）ことが示される．これらの“ほぼ空”領域と“ほぼ完全”領域の間を遷移領域と呼ぶことにしよう．

いま述べた“ほぼ空”と“ほぼ完全”な領域は，いわば“特殊”な領域であり，次にわれわれが関心を持つのは一般的な領域である遷移領域である．

まず，式 (3.17) の中で，重要な意味を持つ**フェルミ準位** E_F について簡単に説明しよう．

いま，図 3.8(b)で，電子のエネルギー E をフェルミ準位 E_F を基準に考えたのであるが，$E=E_F$ のエネルギーの電子の分布関数（存在確率）はどのようになるのだろうか．式（3.17）の E に E_F を代入すると

$$f(E_F)=\frac{1}{1+\exp(0/kT)}=\frac{1}{2} \tag{3.18}$$

が得られる．

つまり，フェルミ準位 E_F は「ある条件下で，許容帯の電子の存在確率が 1/2 になる準位」なのである．式（3.17）で表わされる分布曲線は，図 3.8(b)に示されるように，E_F に対して対称的になり，遷移領域のエネルギー準位を持つ電子は E_F を中心に数学的な対称性を持って分布することを示している．また，E_F は許容帯のエネルギー幅の中央に位置している．

次に，温度によって電子のフェルミ分布がどのように変わるか考えよう．

まず，絶対零度の場合を考える．式 (3.17) に $T=0$ を代入すると

$$\left.\begin{array}{ll} E>E_F \text{ のとき} & f(E)=0 \\ E<E_F \text{ のとき} & f(E)=1 \end{array}\right\} \tag{3.19}$$

となる．つまり，絶対零度($T=0$ K)では，E_F 以上のエネルギー準位の電子の存在はゼロであり，図 3.8(b)で $E>E_F$ の領域は完全に“空”である．一方，E_F 以下のエネルギー準位領域は電子によって完全に満たされている．このことは，$T=0$ K において，すべての電子は E_F 以上のエネルギーを持てないことを意味する．これは，次節 (3.2) で述べるように，絶対零度下では，外部から与えられる熱エネルギーがゼロであり，したがって結晶の格子運動もゼロなので，電子が受けるエネルギーがゼロだからである．つまり，フェルミ準位 E_F は電子が $T=0$ K の基底状態下で持ち得る最大のエネルギー準位ということもできる．

温度が上昇するにつれて，温度に比例した激しさの結晶の格子運動が起こるので，電子は温度に比例したエネルギーを受け，図 3.8(a)に描かれるように，許容帯の上部の準位にまで上げられて存在できることになる．高温になればなるほど，許容帯の上部（$E>E_F$）の準位を占める電子が増し，それと対称的に下部（$E<E_F$）の電子が減る．このような電子のフェルミ分布の温度依存性を示すのが図 3.9 である．分布曲線は絶対零度（$T=0$ K）においては $E=E_F$ の位置で横の直線になるが，他のいかなる温度においても $E=E_F$ そして $f(E)=1/2$ の点を中心にした対称形になることに留意していただきたい．そのような分布曲線の下側の領域が，電子が存在するエネルギー準位の領域を示す．図中のアミカケ領域は，高温の場合の電子の存在領域を示している．

なお，厳密にはフェルミ準位 E_F 自体も温度の関数であり，絶対零度のフェルミ準位を E_{F_0} とすれば $E_F \lesssim E_{F_0}$ である．

■禁制帯とエネルギー・ギャップ

ここでもう一度，図 2.31 を見ていただきたい．

量子論が明らかにしたように，許容帯と許容帯の間には，電子のエネルギー準位が存在しない，つまり，その“帯”には電子の存在が許されない（電子が存在できない）のである．そこで，そのようなエネルギー帯を**禁制帯**（あるいは**禁止帯**）と呼ぶ．

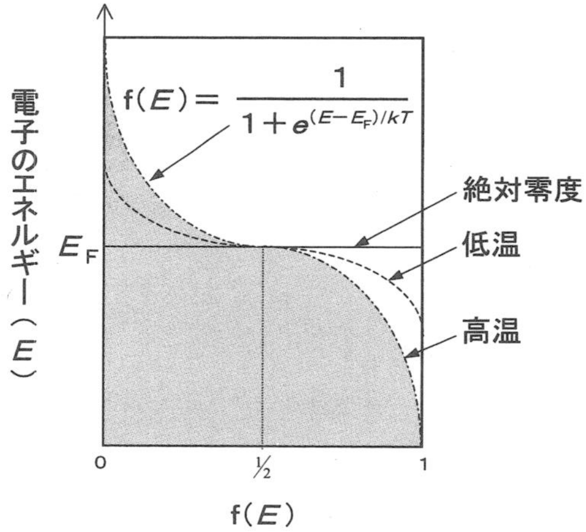

図 3.9　フェルミ分布の温度依存性

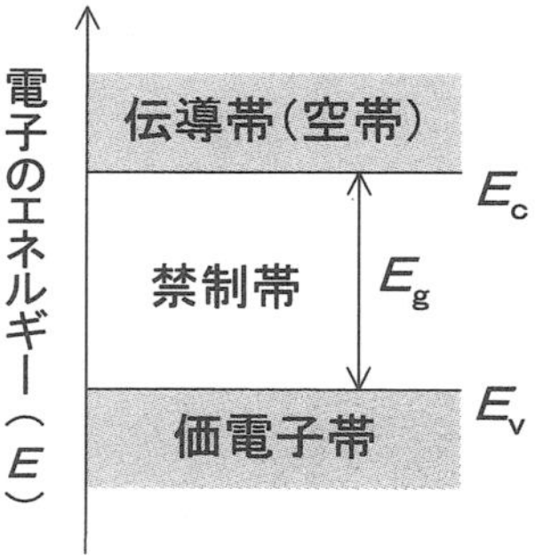

図 3.10　電子のエネルギー帯

図 2.31 の説明で述べたように，原子の集合体である結晶において，内殻の電子準位に比べ外殻の価電子準位は原子間の相互作用の影響が大きいので拡がりやすい．それが**価電子帯**というエネルギー帯を形成するのである．

ここで，結晶内の電気伝導に深く関わるエネルギー帯，つまり価電子帯，禁制帯，伝導帯を模式的に描くと，図 3.10 のようになる．これが一般的に**エネルギー帯図**あるいは**バンド図**と呼ばれるものである．

価電子帯には常に電子が存在するが，伝導帯に電子が存在するかどうかは物質やその存在条件に依存する．電子が存在しない伝導帯は**空帯**と呼ばれる．禁制帯に電子が存在しないことはいうまでもない．価電子帯の最高のエネルギーを**価電子帯上端エネルギー**と呼び E_v で，伝導帯の最低のエネルギーを**伝導帯下端エネルギー**と呼び E_c で表わす．下ツキ文字の v と c は，それぞれ“valence band（価電子帯）”，“conduction band（伝導帯）”の頭文字である．

図 2.31 や図 3.7 に示される各許容帯間のエネルギー幅，つまり各禁制帯の幅を**バンド・ギャップ**と呼ぶが，特に，図 3.10 に示される価電子帯と伝導帯との間にある禁制帯の幅の大きさ（バンド・ギャップ）は重要な意味を持ち，これを**エネルギー・ギャップ**と呼び，E_g で表わす．図からも明らかなように，E_g は

$$E_g = E_c - E_v \tag{3.20}$$

で与えられることになる。

■導体・絶縁体・半導体

抵抗率の大小によって，物質を巨視的に分類したのが図 1.2 であった。これを，電子物性論の立場から微視的に捉えれば，それらの違いは前述のエネルギー帯の違いによって説明できる。

基本的なことはあくまでも「導電性は自由電子の運動によって生じる」ということである。したがって，導電性の必要条件は，自由電子が存在することと自由電子が運動できる場が存在することである。

電子がある許容帯を完全に占めており，禁制帯を挟んだ上の許容帯(伝導帯)に電子がまったくないとすれば，電気伝導に寄与する自由電子も，電子が運動できる場もないので導電性は生じないことになる。換言すれば，導電性には，「“部分的に満たされたエネルギー帯”にある自由電子」が必要なのである。結果的に，そのようなエネルギー帯が伝導帯になるわけだ。このことは，将棋盤のすべての升(ます)が駒で埋め尽くされてしまったら，どんな将棋名人でも駒を動かしようがないことを思い浮かべれば理解しやすいだろう。

導体(金属)の例として，図 3.7 に 1 価の金属である Na 結晶内のエネルギー帯を模式的に示した。N 個の原子から成る Na 結晶の価電子帯である 3s エネルギー帯には $2N$ 個の準位があるから $2N$ 個の電子が存在し得る。しかし，Na 結晶の 3s エネルギー帯には N 個の電子しか存在していない。つまり，Na 結晶の価電子帯は図 3.11(a)に示すように半分しか満たされていないので，これが伝導帯になるのである(図 3.7 参照)。Na のほか，周期表 IA 族に属するアルカリ金属（Li，K など）や金（An)，銀（Ag)，銅（Cu）などの金属も同様のエネルギー帯を持つ導体となる。

マグネシウム（Mg）や亜鉛（Zn）のように完全に満たされた価電子帯（充満帯と呼ぶ)を持つ金属の場合は，図 3.11(b)に示すように，エネルギー帯の上端の一部が上位の空帯と重なり合い，結果的に「空帯」が“部分的に満たされた”伝導帯となって自由電子が生まれることになる。

一方，導電性を持たない絶縁体のエネルギー帯構造は図 3.12(a)に示すよう

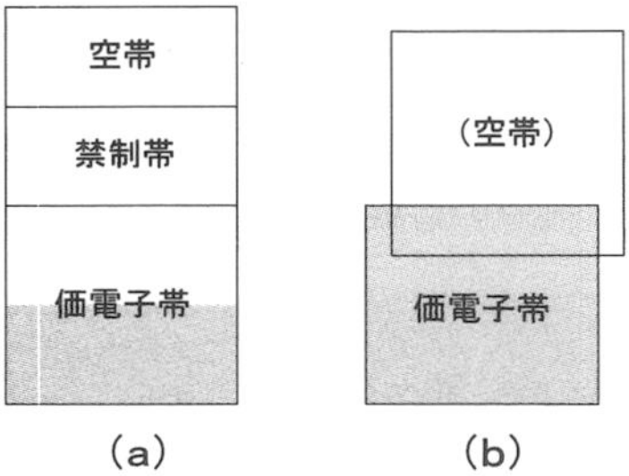

図 3.11　導体（金属）のエネルギー帯構造

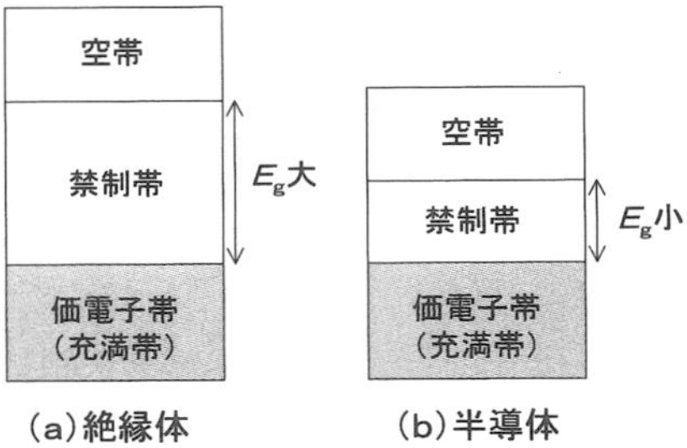

図 3.12　絶縁体と半導体のエネルギー帯構造

に，価電子帯は完全に満たされた充満帯であり，それより上位のエネルギー帯は完全に空の状態である．また，図 1.2 で導体と絶縁体との中間に位置した半導体のエネルギー帯構造は図 3.12(b) に示すように，絶縁体のものと本質的には何ら異なるものではない．絶縁体と半導体の特徴は共に図 2.20 に示すような共有結合にあり，その結果，価電子帯は完全に満たされた充満帯になっている．絶縁体と半導体との違いはエネルギー・ギャップ E_g の大小にあるだけである．この E_g は半導体特性を考える上では極めて重要な意味を持ち，その詳細については第 5 章で論じるが，例えば，半導体エレクトロニクス分野で絶縁体として重要な役割を果たしている二酸化シリコン（SiO_2）の E_g は室温（300 K）において～9 eV である．

一方，E_g の値が小さい場合には，ある条件下で，充満帯の一部の電子（当然，価電子帯の上端に位置する電子，つまり E_v に近いエネルギー準位を持った電子である）は禁制帯を越えて空帯に移ることができる．一般に，$E_g \leq 2$ eV の物質がこのような性質を持っており，これらの物質が絶縁体と区別して**半導体**と呼ばれるわけである．ちなみに，代表的な半導体であるシリコン (Si) の E_g は 300 K で 1.12 eV である．また，300 K で 1.42 eV の E_g を持つガリウム・ヒ素 (GaAs) も代表的な半導体であるが，図 1.2 によれば，これは絶縁体と呼んでもよいくらいである（実際，GaAs は半絶縁性半導体と呼ばれる）．

以上のことを理解した上で，もう一度，式 (3.12) を考えてみよう．式 (3.12) を変形した

$$J=(N\mu_e)q\mathscr{E} \tag{3.21}$$

で示されるように，電流密度は，電界$\mathscr{E}$の下で自由電子（伝導電子）の数 N と移動度 μ_e との積に比例する．絶縁体の完全に満たされた充満帯に電子は充満しているのであるが，電界$\mathscr{E}$で加速されようとしても移動できるスペースがないのである（駒で埋め尽くされた将棋盤の話を思い出していただきたい）．つまり，実質的に $\mu_e=0$ であり，式（3.21）より $J=0$ となる．

3.2　超伝導

3.2.1　超伝導現象

■電気抵抗の温度依存性

抵抗率 ρ は物質特有の物理定数であるが温度に依存する．式（3.14）から

$$\frac{1}{\sigma}=\rho=\frac{m}{Nq^2}\cdot\frac{1}{\tau} \tag{3.22}$$

が得られる．ここで，m/Nq^2 は定数なので，導体（金属）の抵抗率 ρ は $1/\tau$ に比例することになる．この時定数 τ を**緩和時間**あるいは**平均自由時間**と呼ぶ．図3.5を見れば理解しやすいと思うが，温度が高いほど格子振動が激しくなるので，自由電子は確率的により多くの原子（イオン）と衝突（電子の**散乱**と呼ぶ）する．つまり，τ が短くなる．したがって金属の抵抗率 ρ は温度の上昇に伴って大きくなる（後述するように，絶縁体と半導体の抵抗率は逆の傾向を持つ）．絶対温度 T K における抵抗率 ρ は，一般に

高温（$T\gg\theta_D$）の場合には

$$\rho\propto T \tag{3.23}$$

低温（$T\ll\theta_D$）の場合には

$$\rho\propto T^5 \tag{3.24}$$

であることが知られている．ここで，θ_D は**デバイ温度**と呼ばれる固体の特性温度で，結合力や格子振動のような物理量と深い関係がある．一般に，θ_D は軟ら

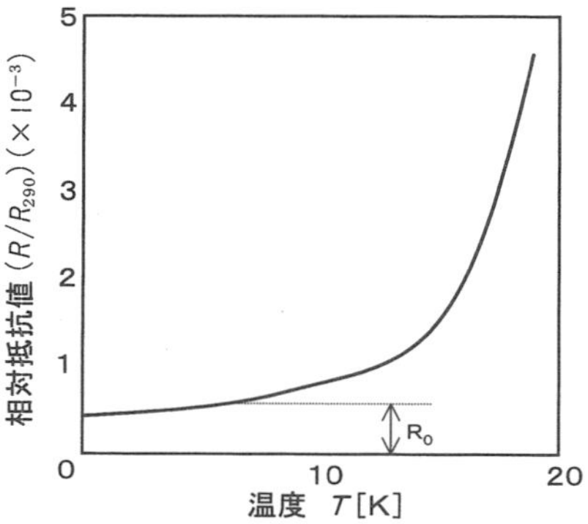

図 3.13　ナトリウム（Na）の電気抵抗の温度依存性（$T \ll \theta_D = 172$ K）
（青木昌治『応用物性論』朝倉書店，1969 より）

かい物質ほど低く，硬い物質ほど高い．

式（3.24）に示されるように，温度が絶対零度（$T=0$ K）に近づくと，ρ は急激に 0 に近づき，$T=0$ K では電気抵抗 R は 0 になるはずである．

例えば，Na の電気抵抗の温度依存性を図 3.13 に示す．図の縦軸は，$T=290$ K（常温）における抵抗値 R_{290} に対する相対抵抗値を表わしている．$T=0$ K においても $R=0$ にはならず，若干の抵抗 R_0 が残っている．これを**残留抵抗**と呼ぶ．この残留抵抗は**残留抵抗率** ρ_i に起因するものであり，その“元”は結晶中の不純物や格子欠陥である．純粋な熱振動に起因する抵抗率を ρ_t とすれば，金属の抵抗率 ρ は

$$\rho = \rho_t + \rho_i \tag{3.25}$$

で与えられる．$T=0$ K においては $\rho_t=0$ である．

また，同様に，緩和時間 τ も熱振動に起因する成分を τ_t，不純物や格子欠陥に起因する成分を τ_i とすれば

$$\frac{1}{\tau} = \frac{1}{\tau_t} + \frac{1}{\tau_i} \tag{3.26}$$

で与えられる．

つまり，電気抵抗は格子振動や結晶欠陥などの**散乱体**によるキャリア（上述の説明では電子）の散乱によって生じるものである．

■臨界温度

いま述べたように，一般的には絶対零度（0 K）においても残留抵抗のために物質の電気抵抗は 0 にならない．また，たとえ物質が不純物や格子欠陥をまったく含まない“完全結晶”であったとしても，絶対零度以外の温度ではキャリアが格子振動のために散乱するので，電気抵抗は 0 にならない．

しかし，ある種の物質では，その温度が絶対零度に近づくと，電気抵抗が急激に 0 になることが知られている．この現象は**超伝導**と呼ばれ，超伝導状態になる温度は**臨界温度**と名づけられ，一般に T_c という記号で表わされる（下ツキ文字 c は“臨界”を意味する英語 critical の頭文字である）．そのような超伝導現象は概念的に図 3.14 に示される．

超伝導現象の発見自体は古く，1911 年にオランダのオネス（1853—1926）が 4.2 K で水銀（Hg）の超伝導現象を発見したのが最初である．後述するようにその後，現在までに 25 種の金属元素が超伝導現象を示し，さらに数多くの合金，化合物が超伝導状態になることが知られている．

ところで，一般的に知られている超伝導現象は，図 3.14 に示すような，臨界温度 T_c に達すると電気抵抗が 0 になる**完全導電性**の現象であるが，厳密には，超伝導現象は温度，磁場および電流密度がそれぞれの臨界値以下の時に電気抵抗が 0 になる現象のことである．

■臨界磁場と臨界電流密度

超伝導状態は，図 3.14 に示されるように，試料の温度を T_c 以上に上げれば

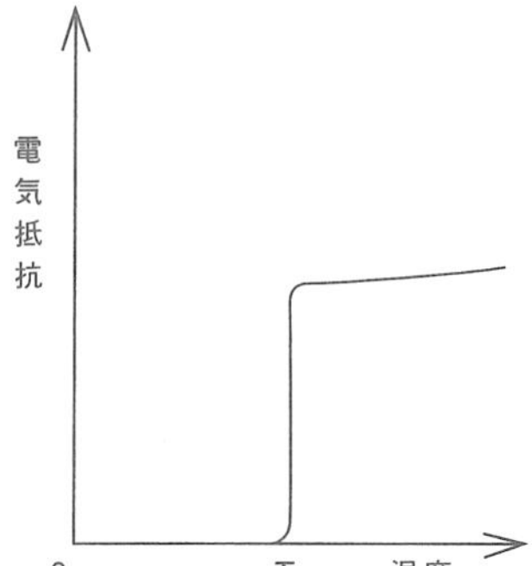

図 3.14　臨界温度 T_c における超伝導現象

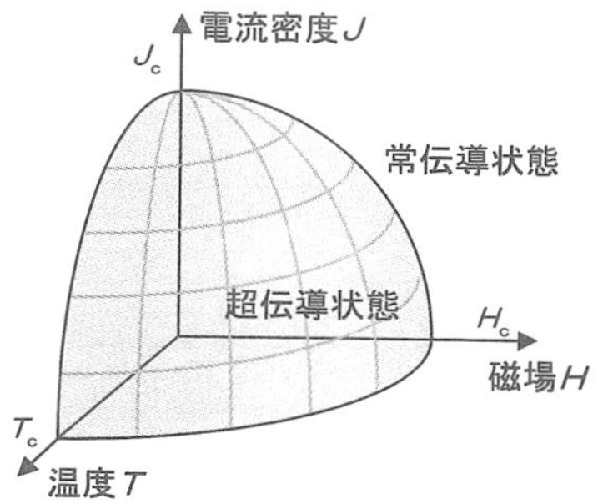

図 3.15　超伝導状態の臨界面

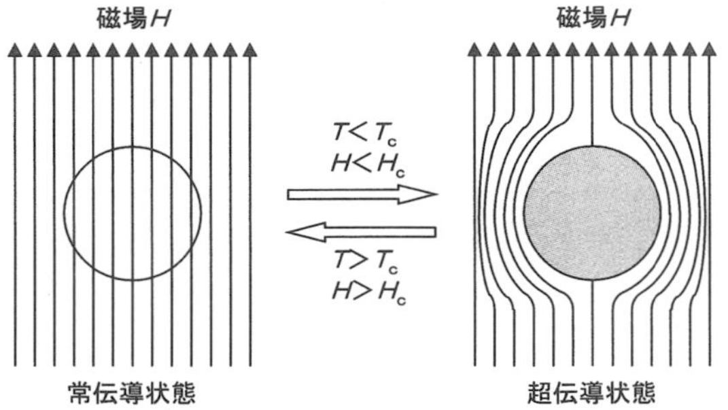

図 3.16 マイスナー効果の発生と消滅

消失してしまうのであるが，ある臨界値以上の磁場をかけたり，ある臨界値以上の電流密度の電流を流しても消失する．このような臨界値をそれぞれ**臨界磁場**，**臨界電流密度**と呼び，それぞれ H_c，J_c で表わす．H_c，J_c いずれも温度に依存し，同時に，互いに依存している．つまり，超伝導状態は図 3.15 に示されるような T_c，H_c，J_c によって形成される臨界面の内側の領域で実現することになる．臨界面の外側は常伝導状態である．この常伝導-超伝導の転移は可逆的である．各臨界点のうち，T_c と H_c は主として物質の成分，結晶構造，電子構造によって決まる．また J_c は物質の結晶組織・状態（析出物，結晶粒界など）や格子欠陥に依存する．

また，超伝導状態の物質（超伝導体）に H_c 以下の磁場をかけても，試料の極表面を除いて，超伝導体の中には磁場が入らない，という性質がある．この現象を**マイスナー効果**といい，それを模式的に表わしたのが図 3.16 である．常伝導状態の物質の内部には磁場が入るが，超伝導状態になるとマイスナー効果のために磁場は完全に外部へ追い出されてしまう．このことは，超伝導体の内部では磁束密度が 0 であることを意味し，これは磁化 M が $M=-H$ を満足することに等しい．つまり，超伝導体は完全反磁性を示す．この性質のために，超伝導体に磁石を近づけると強い反撥力が働く．これが超伝導体のリニア・モーター・カーなどへの応用を生む理由である．

また，図 3.16 からも理解できると思うが，試料が超伝導状態になってマイスナー効果が発生すると，磁場は試料の表面で強められる．その結果，試料の表面領域で $H>H_c$ となり，超伝導状態が常伝導状態に変化する場合もある．

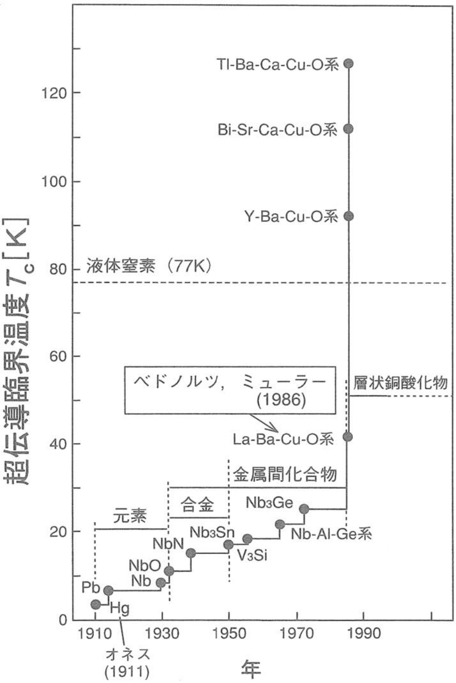

図 3.17 超伝導材料の臨界温度の上昇時系列（常盤文子，化学，**47**(6)，p.366，1992 より）

■高温超伝導体

超伝導現象は送電や磁力利用などの分野で画期的な応用の可能性を示すものであるが，その臨界温度 T_c が極低温であることが実用化を困難にしていた。オネスによる Hg の超伝導現象の発見以来，より高温の T_c を持つ超伝導材料の探索研究がなされてきた。そのような研究成果を時系列で示すのが図 3.17 である。

1950 年代に Nb_3SN (T_c＝18.3 K)，NbTi (T_c＝9.5 K) が線材として実用化されたが，超伝導材料の歴史の中で“革命の年”は，図 3.17 に示されるように，1986 年である。この年，IBM のチューリッヒ研究所のミュラー (1927—) とベドノルツ (1950—) により，T_c が 30 K を越える“高温”超伝導体が発見されたのである（翌 1987 年，この 2 人はノーベル物理学賞を受賞した）。この発見が革命的であったのは，その“高温”超伝導体が，それまで絶縁体の典型と考えられていた酸化物（セラミックス）だったことである。酸化物は材料設計性に富む物質である．以来，世界各地で先を争うように“高温”超伝導材料の研究・開発そして実用化の大フィーバーが起こり，現在に至っている．

ここで注意しなければならないのは“高温”の意味である．この“高温”は臨界温度 T_c が“高温”であることを指すが，“高温”といっても，Hg の 4 K（−269°C）や実用的超伝導材料として使われてきた NbTi や Nb_3Sn などの T_c と比べて高温という意味であって，日常生活的な温度と比べれば依然として“極低温”の領域である．

それでも，T_c が液体窒素の沸点の 77 K（−196°C）を超える（図 3.17 参照）“高温”超伝導体が得られた意味は極めて大きい．材料の冷却が格段に容易になり，また低コストになるからである．

物質を超伝導状態にするには，それぞれの T_c 以下に冷却しなければならない．通常，冷却には液体の気化熱を利用するので沸点が低い物質が必要である．沸点が最低の物質は 4.2 K の液体ヘリウム（He）であるが，これは極めて高価である．また，極低温なので，冷却装置も複雑で高価になるし，蒸発しやすいヘリウムの回収も厄介な問題である．ところが，$T_c > 77$ K（−196°C）の超伝導材料が得られれば，安価で取り扱いが楽な液体窒素（沸点 77 K）を冷却剤として使用できるので，その利点は大きい．図 3.17 に示すように，現在ではさまざまな系の酸化物セラミックスでそのような超伝導体が得られている．もちろん，理想的には常温（室温）で超伝導を示す材料が得られることである．

3.2.2 超伝導のメカニズム

■電子の散乱と“電子隊列”

超伝導現象には図 3.15 に描いたように T_c, H_c, J_c が関係し，超伝導状態は完全導電性のほかにマイスナー効果などで特徴づけられるが，ここでは完全導電性，つまり，電気抵抗がゼロになる現象のメカニズムについて考えることにする．

電気抵抗がゼロということは，式（3.22）で表わされる電気抵抗率 ρ が

$$\rho = \frac{m}{Nq^2} \cdot \frac{1}{\tau} = 0 \tag{3.27}$$

となることである．この式の中で m/Nq^2 はゼロになれないので $\rho = 0$ となるた

めには $1/\tau=0$，つまり緩和時間 τ が無限大にならねばならない．また，

$$\frac{1}{\tau}=\frac{1}{\tau_t}+\frac{1}{\tau_i} \qquad (3.26)$$

だから，τ が無限大になるためには，τ_t も τ_i も無限大にならなければならない．このことは，伝導電子が散乱をまったく受けないということである．

式 (3.26) の中の τ_i は不純物や格子欠陥に起因する因子なので，仮に物質が不純物も格子欠陥もまったく含まない“完全結晶”（そのようなものは実在しないが）であれば，原理的に τ_i は無限大になり得る．また，τ_t は格子の熱振動に起因するので，0 K においては無限大になりそうであるが，実は量子論の不確定性原理（本シリーズ『したしむ量子論』など参照）によれば原子が完全に“静止状態”になることはあり得ないのである．つまり，キャリア（電荷の“運び屋”）が個々の電子である限り，式 (3.26) で表わされる緩和時間が無限大になること，あるいは散乱をまったく受けないということは起こり得ない．0 K においてもこのような次第であるから，“高温”の T_c 以上においてはいうまでもない．

すなわち，超伝導状態におけるキャリアとして，個々の電子以外の“何か”を想定しない限り，超伝導のメカニズムを説明することは不可能である．

人間の世の中には「赤信号，みんなで渡れば恐くない」という“名言”がある．これは，特に，欧米人と比べ集団行動が好きな日本人（拙著『体験的・日米摩擦の文化論』丸善ライブラリー，1992 参照）には理解しやすい“名言”であろう．赤信号に限らず，個々人で行動すると，さまざまな“障害物”に散乱されてしまうような場合でも，歩調がそろった“隊列”の集団であれば，多少の“障害物”に大きく乱されることなく行進することができるだろう．超伝導のメカニズムの謎を解く鍵は，実はこのような“隊列”，具体的には“電子隊列”にあるのだ．

しかし，電子はマイナスの電荷を持っているので，そのままでは反撥し合って寄りつくことができない．また，図 2.14(a) に示したように，電子はフェルミ粒子であり，“隊列”を組んで集団になることもできない．このような電子に“隊列”行動をさせるには，電子同士を結びつける何らかの力が必要である．

■クーパー対

電子が“隊列”行動をとるための第1ステップとして電子対を考えたいのであるが，上述のように，電子はマイナスの電荷を持っているので2個の電子の間にはクーロン反撥力がはたらくため，単純には対（ペア）を作ることができない．本来ならばクーロン力で反撥し合う電子同士を結びつけるには何らかの力が必要なのである．

ここで，記憶力のよい読者は，湯川理論の中間子のことを思い出さないだろうか（〈チョット休憩● 2〉参照）．中間子は，本来ならば反撥し合う原子核内の陽子同士を結びつける核力の元となる粒子である．電子にも原子核内における中間子のようなものが作用すれば，対を形成することが可能かも知れない．1956年，アメリカの物理学者クーパー（1930—）は，電子対を形成するための“何らかの力”として，格子振動によって生じる**フォノン（音子）**を考えた．中間子の“キャッチボール”を介して陽子同士間に引力が生じたように，2個の電子にはフォノンの“キャッチボール”を介して引力が生じ，電子対が形成されると考えたのである．

しかし，無数にある電子の中で対を形成する電子同士には何らかの“相性（あいしょう）”というものがあるはずだ．人間を含む動物の男女間にしても，大抵のものでも，対を形成したもの同士には何らかの“相性”あるいは“相補性”があったと考える方が自然であろう．

ここで，図2.11で述べた電子のスピンのことを思い出していただきたい．電子には＋1/2あるいは－1/2のスピン量子数を持った2種類が存在する（表2.1参照）．これら2種類の電子がパウリの排他律に従って，図2.13と図2.14(a)に示すように，それぞれの“指定席”に収まっているわけである．2個の電子が対を形成するならば，パウリの排他律の演繹からも相補性の観点からも，それらの電子は互いに異種のものであるだろう．$m_s = +1/2, -1/2$ の電子をそれぞれ⊖，●で表わし，そのような対の形成を描式的に描いたのが図3.18である．このような電子対は，その提案者・クーパーの名をとり**クーパー対（クーパー・ペア）**と呼ばれる．

■ BCS 理論

個々に運動していた電子に比べ，クーパー対を形成した電子は“対”という

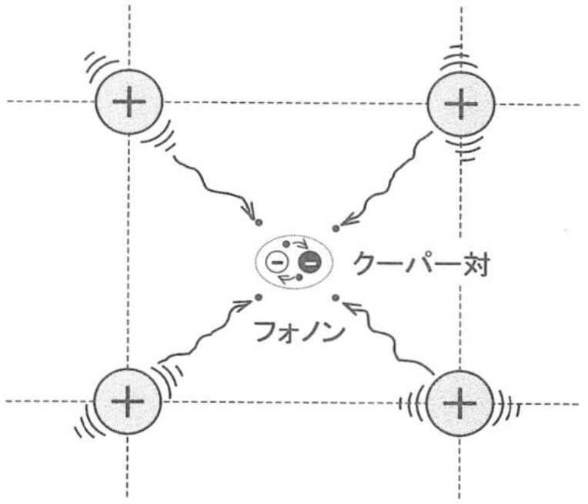

図 3.18　フォノンを介してのクーパー対の形成

拘束を受けることになるので，結果的に，エネルギーがその分低い状態である（図 2.16 参照）．常伝導状態で個々に運動して電子が超伝導状態になるとクーパー対を形成することから（事実は，クーパー対が形成されるから超伝導状態になるのだが），超伝導は電子から何らかのエネルギーが奪われた状態であることは容易に理解できるだろう．また，超伝導状態は常伝導状態より低い温度（$< T_c$）で発現するのだから，一般論からいってもエネルギーが低い状態である．つまり，個々の電子は T_c 以下になるとクーパー対を形成し，エネルギーが低い安定状態に“落ち込む”と考えられる．

以上の考察をまとめ，常伝導状態と超伝導状態の電子のエネルギーと温度と

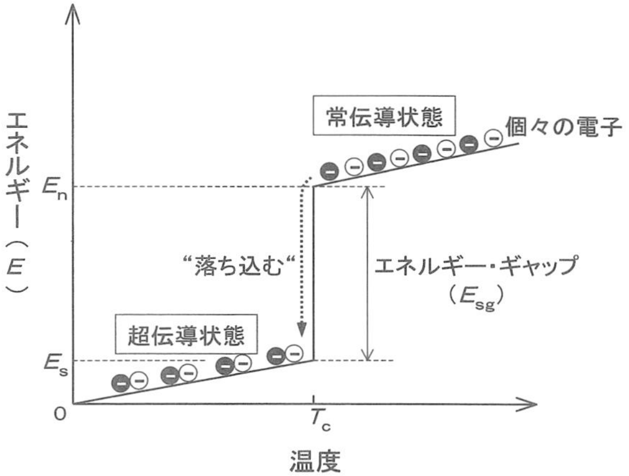

図 3.19　常伝導状態と超伝導状態の電子のエネルギーと温度との関係

の関係を模式的に表わすと，図 3.19 のようになるだろう．図中，E_n は常伝導状態の最低エネルギー，E_s は超伝導状態の最高エネルギーである．それぞれの下ツキ文字 n と s は，それぞれ“normal conductivity（常伝導）”と“superconductivity（超伝導）”の頭文字である．これらの差 $E_n - E_s$ はエネルギー・ギャップと呼ばれるが，図 3.10 に示したエネルギー・ギャップ $E_g = E_c - E_v$ と区別するために，E_{sg} という記号を使うことにする（“sg”は“superconductivity energy gap”の略）．そして，このエネルギー・ギャップを**超伝導エネルギー・ギャップ**と名づけよう．

クーパー対を一つの粒子と考えれば，そのスピン量子数は

$$\frac{1}{2} + \left(-\frac{1}{2}\right) = 0$$

となり，これは 28 ページで述べたボーズ粒子の条件を満たすことになる．つまり，フェルミ粒子である 2 個の電子（$m_s = \pm 1/2$）が形成するクーパー対はボーズ粒子と見なされる．したがって，クーパー対は同じボーズ粒子であるフォトン（光子）のように，いくらでも集合することが可能であり，“隊列”を組めるのである（フェルミ粒子は“隊列”を組めない）．この“隊列”は見掛け上は“クーパー対隊列”ではあるが，実質的には“伝導電子隊列”であることは明らかであろう．

さて，量子論によれば，電子をはじめとする粒子（量子論的粒子）は粒子性と波動性の二面性を顕著に現わす（本シリーズ『したしむ量子論』など参照）．2 個の電子で形成されるクーパー対も量子論的粒子であり，この二面性を持つだろう．詳しい説明は省くが，クーパー対隊列は，同一の波長を持つだけでなく，位相も揃った波動性を示すのである．別のいい方をすれば，超伝導状態において，すべてのクーパー対は同一の運動量を持っている．つまり，T_c 以下の温度に保たれた超伝導体に電界をかけると（図 3.5 参照），個々のクーパー対はバラバラに動くのではなく，同じ位相で整然と，そして金属原子（イオン）の振動や不純物や格子欠陥などによる散乱をほとんど受けることなく，“隊列行進”するのである．

このような超伝導のメカニズム（**フォノン機構**とも呼ばれる）の概要を模式的に描いたのが図 3.20 である．図 3.18〜20 で超伝導現象はほぼ完全に説明さ

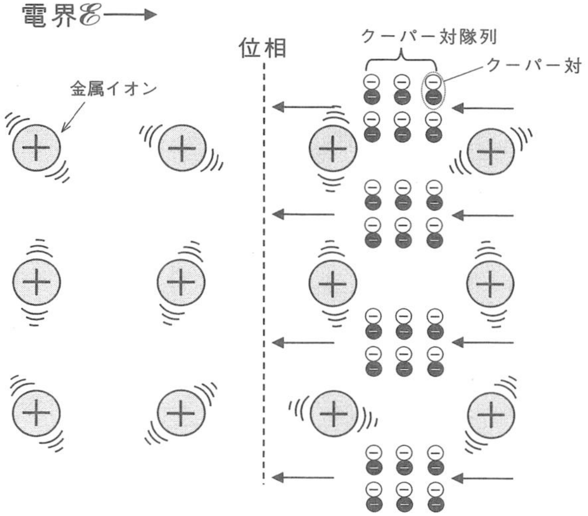

図 3.20　量子論的粒子・クーパー対の隊列行進

れるが，これは1957年にバーディーン（Bardeen），クーパー（Cooper），シュリーファー（Schrieffer）によって発表されたもので，彼らの名前の頭文字をとって**BCS理論**と呼ばれる．この3人には15年後の1972年にノーベル物理学賞が与えられた（バーディーンにとっては第5章で述べるトランジスターの発見による1956年の受賞に加えて2回目の受賞である）．

■高温超伝導

図3.17に明瞭に示されるように，1986年は超伝導材料の歴史において“革命の年”であった．その“革命性”は“高温”超伝導体が得られたことと同時に，それが酸化物（セラミックス）だったことである．新たに発見された“高温”超伝導体は，導体である金属ではなく，通常は絶縁体として知られている酸化物でありセラミックスだったのだ．

最初に，現時点での結論をいえば，このような高温超伝導を説明する理論は未だ確立されていない．

前項で述べたBCS理論は，通常の超伝導を見事に説明したのであるが，“フォノン機構”には“T_c 40 Kの壁”というものがあり，T_cが約40 K以上の場合は成立しないのである．そこで，フォノンを媒介にするのではなく，例えば電気分極を媒介とするような新しい電子対形成機構も考えられたが，いまのとこ

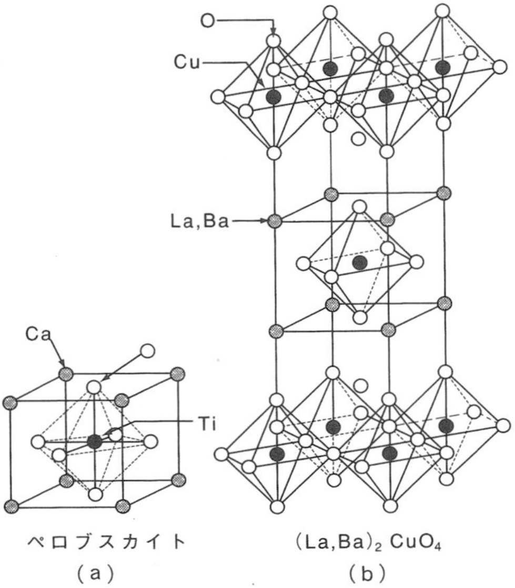

図 3.21 ペロブスカイト構造(a)と酸化物高温超伝導体の結晶構造の一例(b)

ろ成功していない．

現在，La 系，Ba 系，Y 系などと呼ばれるさまざまな物質から成る酸化物高温超伝導体が発見されているが，これらの構造はいずれも，図 3.21(a)に示したペロブスカイトの結晶構造を基本にしているのが特徴である．ペロブスカイト($CaTiO_3$) は，立方体の各頂点に Ca，中心の Ti を酸素八面体が取り囲むような面心位置に 6 個の O 原子が配置されている．Ca の替わりに Ba，Sr，Pb，また Ti の替わりに Zr などを置換したものも同じ構造をとる．このような構造を一般的に**ペロブスカイト構造**と呼ぶのである．

酸化物高温超伝導体の結晶構造は，このペロブスカイト構造を 3 層重ねた変形構造になっている．その一例として，図 3.21(b)に(La，Ba)$_2$CuO$_4$ の結晶構造を示す．

一般的には絶縁体である酸化物が，変形ペロブスカイト構造になるとどうして超伝導を示すのか，現在までのところはっきりとは理解できていないが，図 3.21(a)に示すペロブスカイト構造，そして Cu 原子と O 原子が平面的に並んだ層を形成していることが，高温超伝導の発現に重要な役割を果しているものと思われる。

高温超伝導体の世界は依然として未知の要素が多いが，酸化物（セラミックス）はほとんど無限といってよいほど“設計・制御性”に富むから，今後，一層の“高温”超伝導材料，さらには常温超伝導材料の発見，実用化への期待は大きい。また，単体では超伝導性を示さない多くの元素が酸化物になると超伝導性を示すことも，物質科学の面で非常に興味深いことである。

チョット休憩● 3

偉業の背景にある師弟関係

1995 年の「日本国際賞」の受賞者の一人はアメリカ・イリノイ大学のホロニアック教授だった．ホロニアック教授は発光ダイオードやレーザーなどオプトエレクトロニクス分野の基礎研究および実用化における顕著な功績が認められたものである．在米中，私はホロニアック教授に何度も会っているし，彼の弟子が身近にいたこともあって，彼の受賞を親近感を覚えつつ喜んだ．

ホロニアックの師は，バーディーンであり，研究室の同期生の一人は超伝導の BCS 理論で師のバーディーンと共にノーベル賞を受けたシュリーファーであった．ホロニアックとシュリーファーの二人が博士課程に進学した時，既にトランジスターの発見でノーベル賞を受けていたバーディーン教授が「二つのテーマがある．半導体と超伝導だ．半導体は見通しがある．やさしくはないが頑張れば博士論文になるだろう．超伝導の方は成功すればノーベル賞級の仕事だ．ただし成功の保証はない．好きな方を選びなさい」といったそうである．結果的に，シュリーファーはノーベル賞を受賞したし，ホロニアックの仕事も“ノーベル賞級”だった．

このような話から思い出すのは，イギリスのキャベンディッシュ研究所のトムソンを祖とする“独創の系譜”である．トムソンの弟子の中から 9 人のノーベル賞受賞者が出ており，そのうちの一人のラザフォードからは 11 人のノーベル賞受賞者が出ているのである．師が弟子を見る目，弟子が師を見る目の両方の確かさと共に，学問における師弟関係の重要性を示すものであろう．

ジャンルはいささか異なるが，日本においても，幕末期に適塾や松下村塾，咸宜園，また後年の札幌農学校などから輩出した俊秀たちが師弟関係の影響の大きさをはっきりと示している．特に，「師」としての期間が 2 年にも満たない松下村塾の吉田松陰，1 年にも満たない札幌農学校のクラーク博士の影響力を考えれば，直接的な学問以外の「師の人格」というものの重大性を認めざるを得ない．
いずれにせよ，独創的な大発見や大発明，あるいは歴史的偉業を成し遂げるような逸材が生まれる背景には，極めて強い師弟関係を見出せることが多いのである（その意味で，アインシュタインは例外である）．
私は，これからの日本が必要とする本当の教育体系の一つは，江戸時代の寺子屋や幕末期の私塾のようなものではないだろうかと思う．

■演習問題

3.1　電流とは何か，簡潔に述べよ．

3.2　絶縁体に電気が流れない（電流が生じない）のはなぜか，簡潔に述べよ．

3.3　抵抗ではなく抵抗率を論じなければならない理由を説明せよ．

3.4　電子の移動度 $\mu_e = q\tau/m$ を導け．

3.5　電流密度 $J = \sigma\mathscr{E}$ を導け．

3.6　導体（金属）のエネルギー帯構造を図示し，それぞれについて説明せよ．

3.7　導体（金属）中の自由電子は導体（金属）内を自由に動けるが，表面から外部へ飛び出さないのはなぜか，説明せよ．

3.8　禁制帯が生じる理由およびエネルギー・ギャップについて説明せよ．

3.9　エネルギー帯の観点から，絶縁体と半導体との違いについて説明せよ．

3.10　残留抵抗について説明せよ．

3.11　電気抵抗が 0 になる現象（完全導電性）を抵抗率の定義 $\rho = (m/Nq^2)/\tau$ から説明せよ．また，その“現実性”について述べよ．

3.12　クーパー対の形成について説明せよ．また，クーパー対がボーズ粒子と見なせることを説明せよ．

3.13　BCS 理論のエッセンスを簡潔に 2 語のキーワードで表わせ．

3.14　1986 年が超伝導材料の歴史において“革命の年”といわれる理由を述べよ．

3.15　高温超伝導のメカニズムを説明せよ．

4 誘電性と絶縁性

導体（金属）に電界がかけられると電流が生じる（電気が流れる）．これに対して絶縁体の場合は電流が生じることはなく，つまり電荷が移動することなく，分極という現象が起こるだけである．同じ非導体でも，電気を流さない電気絶縁性に注目する場合は絶縁体と呼ばれるし，分極に注目する場合は誘電体と呼ばれるのである．

絶縁体の真骨頂は文字通り，電気を流さない絶縁性にあり，地味な存在ながら，図 1.3 に示したような電気製品や電気・電子機器の性能，寿命，さらには信頼性を左右するので実用上極めて重要な“電子材料”である．つまり，絶縁材料は電気・電子機器の動作電圧を維持するなどの受動的役割を演ずるのであるが，導電性材料や後述する半導体材料と比べると劣化しやすい性質を持っている．

一方，誘電体も伝統的にはコンデンサー（電気容量を持つ蓄電器）のような“地味な存在”であったが，近年のマイクロエレクトロニクス分野においては決定的に重要な役割を果たす薄膜材料などとして能動的機能を発揮する場が増えている．

本章では誘電・絶縁体の基礎的電子物性（誘電特性と絶縁特性）について述べる．また，近年，最先端高集積回路デバイスなどにおいて重要性を増しつつある強誘電材料についても簡単に触れる．

4.1 誘電特性

4.1.1 分極と誘電率

■絶縁体の分極

物質の根源的要素である原子の構造や化学結合については第2章で述べたが，すべての物質は正電荷を持つ粒子（陽子や陽イオン）と負電荷を持つ粒子(電子や陰イオン)によって形成されている．物質内の正電荷と負電荷を模式的に図4.1(a)に示す．このような物質に外部から電界$\mathscr{E}$がかけられる(電場の中に置かれる）と，それらは互いに反対方向に力を受ける．その力によって両方の，あるいは片方の電荷が一定方向に移動して行ってしまえば電流が生じることになる．図3.5(b)は導体（金属）の中で負電荷（自由電子）が電界$\mathscr{E}$によって移動する（流れる）様子を模式的に表わしたものだった．

ところが，絶縁体の場合，正負の電荷は何かの力によって結びつけられており，結果的に図3.1に示すように自由に動ける電荷を持たない．この両電荷を結びつける力は，一般に，外部から電界などによって与えられる力に比べはるかに強い(そもそも，そのような性質を持つ物質が絶縁体と呼ばれるのである)ので，図4.1(b)に示すように，それぞれ元の位置から反対方向にわずかにずれるだけである．この状態の**電荷分布**は(c)に示すように，それぞれの電荷を元

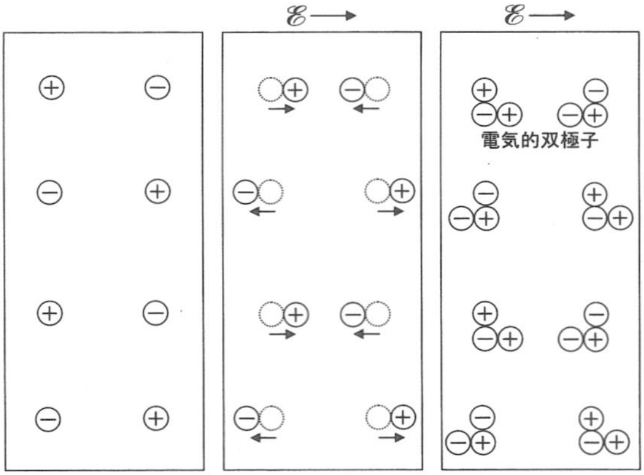

図 4.1　物質内の正電荷と負電荷(a)の電界による移動(b)と電気的双極子の発生(c)

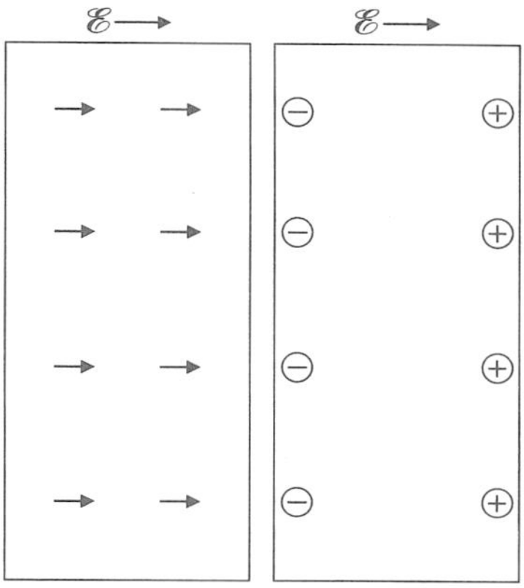

(a)　(b)

図 4.2　絶縁体中の電気的双極子の配列(a)と表面電荷(b)

の位置（つまり（a）の状態）に戻し，それに重ねて正負の電荷対（⊖⊕）を置いた場合と同じと考えることができる．

例えば，図 3.18 に示したように正電荷を持つ金属陽イオンが格子振動している場合や，不確定性原理に従う量子論的粒子である負電荷を持つ電子の位置を論じることが無意味のような場合でも，荷電粒子の平均的位置を考えるならば，図 4.1 の議論は有効なのである．

さて，図 4.1(c)で導入された正負の電荷対（⊖⊕）を**電気的双極子**と呼ぶ．この電気的双極子を→で描くと，電場の中に置かれた絶縁体中には図 4.2(a)に示すように双極子が配列し，多数の小さな**双極子モーメント**（$\boldsymbol{m}$）ができる．そして，結果的に（b）に示すような**表面電荷**が生じる．このような現象を**誘電分極**（以下，**分極**）と呼ぶ．

絶縁体（誘電体）の分極は，そのメカニズムから**電子分極**，**イオン分極**，**配向分極**の 3 種に大別される．これらについては後述するとして，まず，分極の大きさを定量的に考えてみよう．

■誘電率とコンデンサー

分極（polarization）の大きさをベクトル$\boldsymbol{P}$で表わすと，$\boldsymbol{P}$は電界$\mathscr{E}$に比例し

$$\boldsymbol{P} = \varepsilon\mathscr{E} - \varepsilon_0\mathscr{E} \tag{4.1}$$

で与えられる．ここで，ε は物質の**誘電率**，ε_0 は**真空の誘電率**と呼ばれる定数

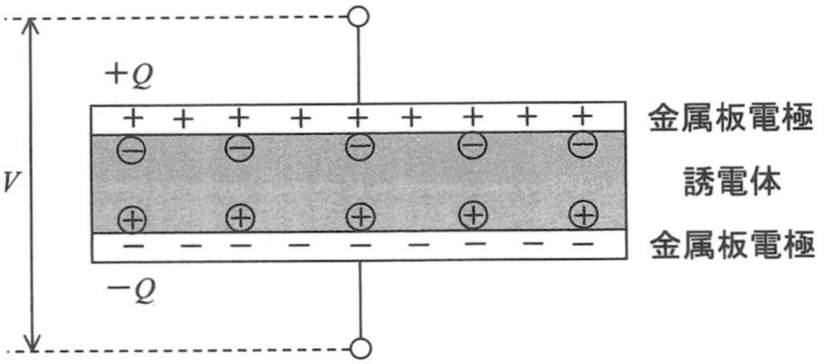

図 4.3 平行板コンデンサー

である．ε と ε_0 との比は**比誘電率**あるいは**相対誘電率**と呼ばれ

$$\varepsilon_r \equiv \frac{\varepsilon}{\varepsilon_0} \tag{4.2}$$

で定義される．ε は一般に非常に小さい値であり，また現実的には ε_0 との相対値が重要なので，実用上は ε_r が使われる．ε_r は物質特有の物理定数であり，常に $\varepsilon_r > 1$ である．式（4.2）を式（4.1）に代入して

$$\boldsymbol{P} = \varepsilon_0(\varepsilon_r - 1)\mathscr{E} \tag{4.3}$$

が得られる．

図 4.3 に示したような，2 枚の金属板電極間に誘電体（絶縁体）を挟み，電気（電荷）を蓄積する素子をコンデンサーと呼ぶ．両電極間に V の電圧をかけると各電極板には Q の電荷が蓄えられるが，この時，V と Q との関係は

$$Q = CV \tag{4.4}$$

で表わされる．ここで，C はコンデンサーの**静電容量**と呼ばれる物質特有の定数であるが，電極の寸法に依存し，面積を A，電極間隔を d とすれば

$$\begin{aligned} C &= \frac{A}{d}\varepsilon \\ &= \frac{A}{d}\varepsilon_0\varepsilon_r \\ &= C_0\varepsilon_r \end{aligned} \tag{4.5}$$

で与えられる．ここで C_0 は電極板間を真空にした時の静電容量である．この

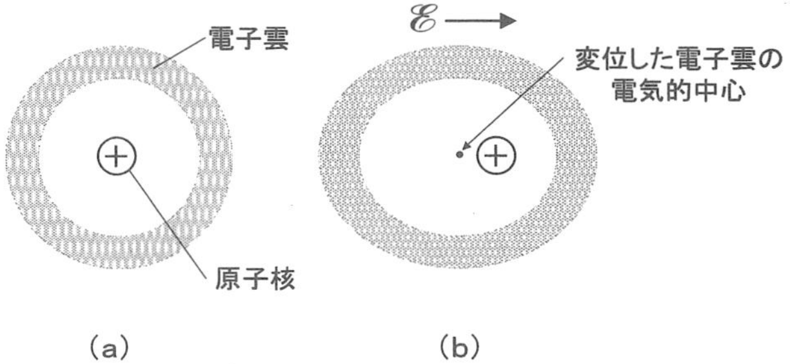

図 4.4　電子分極

時，各電極板に Q_0 の電荷が蓄えられるとすれば

$$\frac{\varepsilon}{\varepsilon_0}=\frac{C}{C_0}=\frac{Q}{Q_0}=\varepsilon_r \tag{4.6}$$

の関係があることは容易に見出されるであろう．

■電子分極

図 4.4(a)に模式的に描くように，通常，原子核(正電荷)の中心と電子雲(負電荷)の電気的重心とは一致しており，原子は電気的に中性である．このような状態の原子に外部から電界がかけられると，(b)に示すように重い原子核に対し，軽い電子雲は電界と逆方向に変位して分極を生じる．これを**電子分極**と呼ぶ．当然のことながら，電子分極は誘電体に限らず，すべての物質に起こる．

図 4.4(b)のように分極した時の双極子モーメント $\boldsymbol{m}$ は電界 $\mathscr{E}$ の大きさに比例し

$$\boldsymbol{m}=\alpha_e\mathscr{E} \tag{4.7}$$

で与えられる．この比例定数 α_e は**電子分極率**と呼ばれる．感覚的にも理解できると思うが，電子の軌道半径が大きいほど双極子モーメントは大きくなる．それは，実際，電子分極率は，原子半径を r とすれば

$$\alpha_e=4\pi\varepsilon_0 r^3 \tag{4.8}$$

という関係があるからでもある．したがって，一般的に，原子半径あるいはイオン半径が大きい物質ほど電子分極が大きいといえる．つまり，このような原

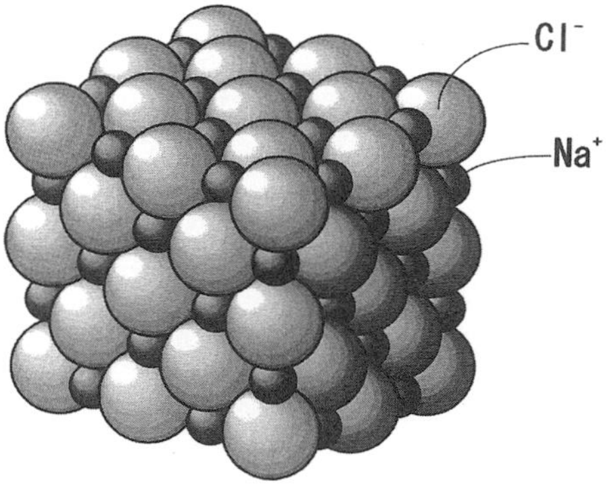

図 4.5 イオン結晶の代表・NaCl

子あるいはイオンを単位体積中に N 個含む物質では

$$\begin{aligned} \boldsymbol{P} &= N\boldsymbol{m} \\ &= N\alpha_e \mathscr{E} \end{aligned} \tag{4.9}$$

となる．

また，分子の場合は，一般に，その形が球形でないため，分極率は方向によって異なることになる．

■イオン分極

図 4.5 に示す NaCl のようなイオン結晶は陽イオン (Na^+) と陰イオン (Cl^-) のイオン結合によって形成されている．これを平面的，模式的に描いたのが図

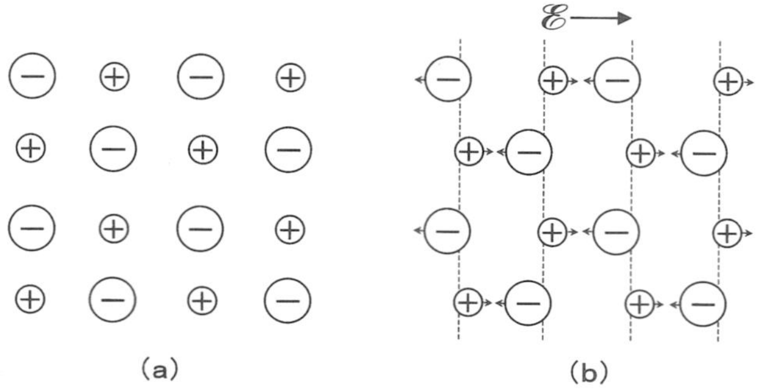

図 4.6 イオン分極

4.6(a)である．このような状態のイオン結晶に外部から電界がかけられると，(b)に示すように，陽イオンと陰イオンは互いに逆方向に変位して分極を生じる．このようなイオン結晶に典型的に見られる分極を**イオン分極**と呼ぶ．

上記のようなイオン結晶の分極は，実際は前述の電子分極も重畳されることになるが，その影響はイオン分極に比べて小さい．

前述の電子分極も上述のイオン分極も共に，外部電界による電荷の変位によって生じるので，これらを合わせて**変位分極**と呼ぶこともある．

■**配向分極**

多くの誘電体の分子は正負の電荷の重心が一致している（このような分子を**無極性分子**と呼ぶ）ので，外部電界の影響がなければ分極は生じない（このような誘電体を**無極性誘電体**と呼ぶ）．これに対し，外部電界の影響がない状態でも，正負の電荷の重心が一致せず，常に双極子モーメント（**永久双極子モーメント**）を持っている分子（このような分子を**有極性分子**と呼ぶ）もある．有極性分子から成る誘電体は**有極性誘電体**と呼ばれる．有極性分子の代表的なものは H_2O，CH_3Cl，HCl などで，合成樹脂には有極性誘電体が多い．

例えば，HCl 分子は図 4.7 に示すように，H 原子に比べ Cl 原子の方が電気陰性度が大きいため，H は正に，Cl は負に帯電している．そのため，Cl から H に向く永久双極子モーメントが常に存在しているのである．

このような有極性分子の集合体について考えよう．

外部電界の影響がない時，各分子は，したがって各分子の永久双極子モーメントも，それぞれランダムな方向を向いているだろう．このため，双極子モーメントの総和は 0 になり分極を生じない．しかし，外部電界がかけられると，図 4.8 に示すように，それまでランダムな方向を向いていた双極子が回転力を受けて電界の方向に向こうとする．つまり，**配向**するのである．つまり，誘電

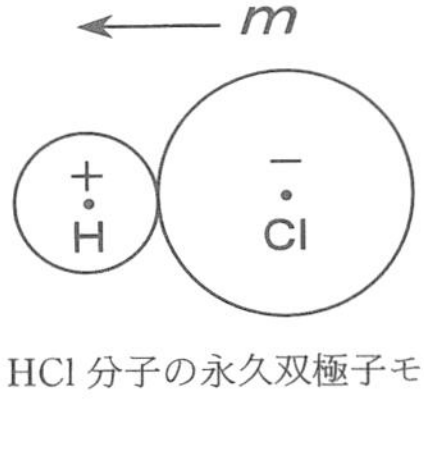

図 4.7　HCl 分子の永久双極子モーメント

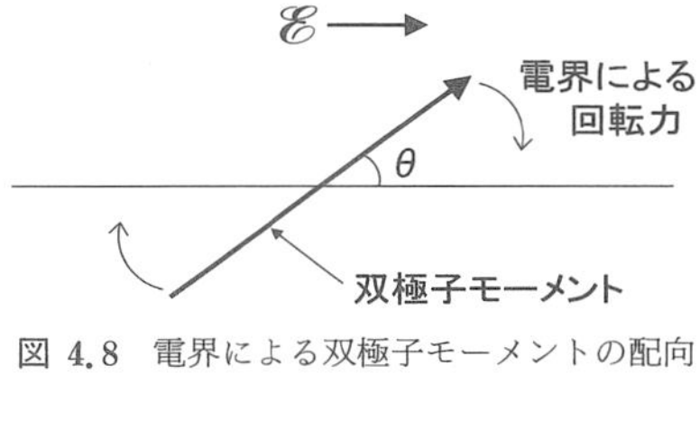

図 4.8　電界による双極子モーメントの配向

体として，外部電界の影響で配向した分子の割合が増えて分極する．このような分極を**配向分極**と呼ぶ．

このような配向作用は分子の熱運動によって妨げられるので，高温ほど分極の度合は小さくなる．したがって，実際の分極は，配向分極と分子の熱運動による攪乱のかね合いで決まることになる．

4.1.2 強誘電現象

■**分極-電界特性**

多くの物質は，電界をかけられている間，つまり電場の中では分極を示すが，電界をなくせば分極は消失する．つまり，一般の誘電体は式(4.3)に示すように，分極$\boldsymbol{P}$は外部から加えられた電界$\mathscr{E}$に直線的に比例するのである．ところが，ある種の物質は，外部電界を取り除いた状態でも分極（このような分極を**自発分極**と呼ぶ）を示す．また，$\boldsymbol{P}$と$\mathscr{E}$とが比例せず，非直線性で，かつ以下に述べるような**履歴現象（ヒステリシス）**を示す．このような物質を**強誘電体**と呼ぶ．

一般的な強誘電体の分極-電界特性曲線(**ヒステリシス曲線**)を図4.9に示す．できたての強誘電結晶に電界の強さを増していくと，O→A→Bに沿って分極が現われる．電界の強さを一定値以上に大きくすると分極はB点($\boldsymbol{P}=\boldsymbol{P}_s$)で飽和する．この飽和値$\boldsymbol{P}_s$が強誘電体特有の自発分極である．次に，電界の強さ

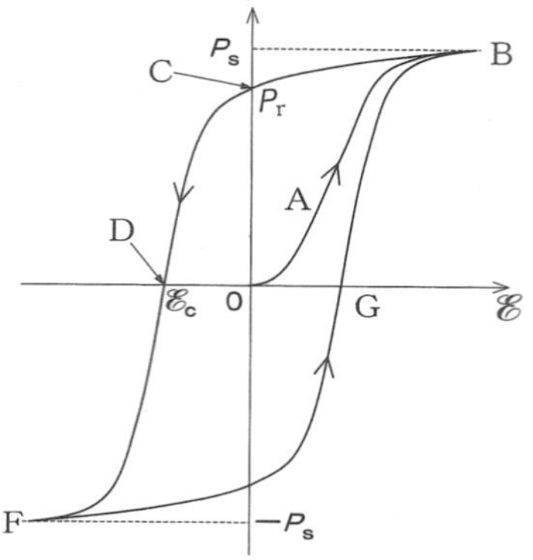

図 4.9　強誘電体の分極-電界特性曲線

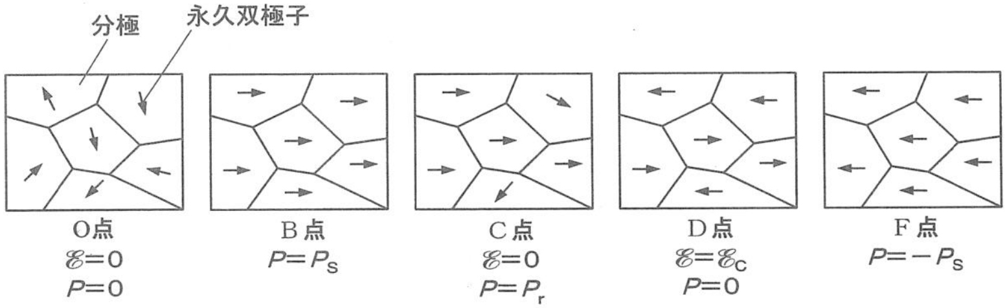

図 4.10　分域の双極子の向きと電界との関係

を小さくしていくと，分極も小さくなるが$\mathscr{E}=0$のC点でも$\boldsymbol{P}=0$にならず，$\boldsymbol{P}_r$という分極が残る．この$\boldsymbol{P}_r$を**残留分極**（remanent polarization）と呼ぶ．

さらに，逆方向（$-\mathscr{E}$）に電界の強さを増していくと，分極はC→Dに沿って変化し，逆方向電界F点で再び飽和する．D点で$\boldsymbol{P}=0$になる時の電界の強さ$\mathscr{E}_c$を**抗電界**と呼ぶ．つまり，電界$\mathscr{E}$で生じた分極を0にするには逆方向に電界$\mathscr{E}_c$を加えなければならないということである．F点で再び電界の強さを正方向に増大していくと，分極-電界特性曲線はF→G→Bをたどり，分極$\boldsymbol{P}$はB→C→D→F→G→Bの履歴現象（ヒステリシス）を描く．

ヒステリシス曲線で表わされる現象の原因は，強誘電体内で個々の永久双極子を持つ**分域**（ドメイン）が形成されるためである．図4.9の主要な点での分極の様子を模式的に描くと図4.10のようになる．できたての状態（O点）での自発分極は勝手な方向を向いているが，電界の強さを増していくと電界方向に分極する分域が増加し，ついにはすべての分極の双極子が電界方向にそろって分極が飽和する（B点）．C点で$\mathscr{E}=0$にしても$\boldsymbol{P}=0$とならないで$\boldsymbol{P}_r$が残るのは分極が完全に再配列する（具体的には，分域の壁が移動する）ためには一定のエネルギーが必要なためである．$\boldsymbol{P}=0$にするにはD点で示される抗電界$\mathscr{E}_c$を加えなければならない．

■キュリー・ワイスの法則

一般的に，強誘電体の温度が上昇すると，原子，分子の格子振動による攪乱のために分域内の規則性が乱される度合が増すので，自発分極が減少し，ある温度以上になると自発分極が消滅し，強誘電性を失なう．つまり，**常誘電相**になる．この温度を**キュリー温度**と呼び，一般にT_Cで表わす（超伝導の臨界温度

T_c と紛らわしいが，キュリー温度のCは大文字である）．

式（4.3）より，T_C 以下では，

$$\frac{dP}{d\mathscr{E}}=\varepsilon_0(\varepsilon_r-1) \tag{4.10}$$

で誘電率 ε_r が定義されるが，T_C 以上では，ε_r は**キュリー・ワイスの法則**と呼ばれる

$$\varepsilon_r=\frac{A_{CW}}{T-\theta} \tag{4.11}$$

に従う．ここで，A_{CW} はキュリー・ワイス定数，θ は特性温度（T_C より若干低い温度）である．

ここで，強誘電体の代表的な物質であるチタン酸バリウム（$BaTiO_3$）の自発

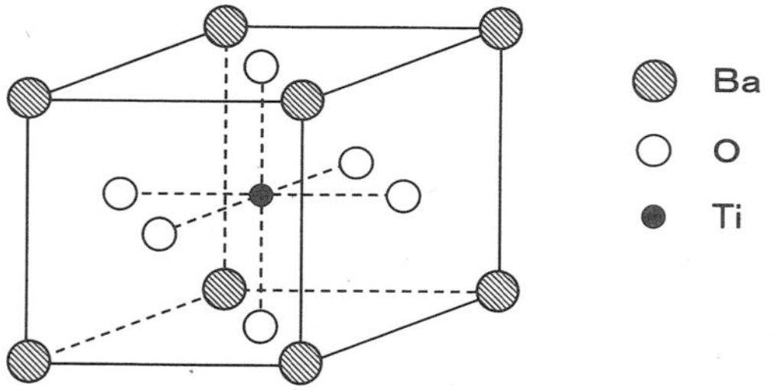

図 4.11　$BaTiO_3$ 結晶の単位格子（立方晶系）

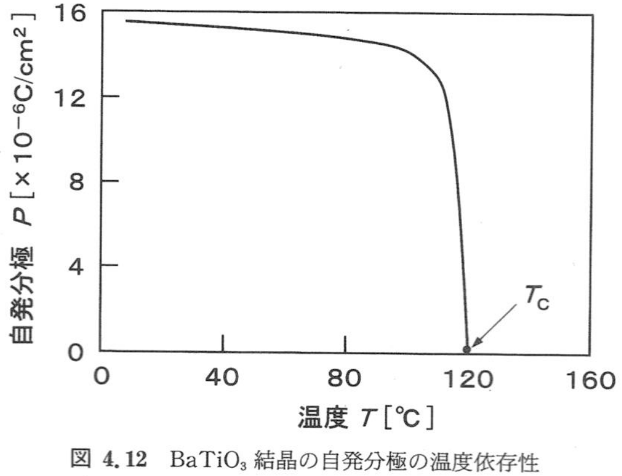

図 4.12　$BaTiO_3$ 結晶の自発分極の温度依存性
（W.J. Mertz, *Phys. Rev.*, **91**, 513, 1953 より）

分極と誘電率の温度依存性を見てみよう．

$BaTiO_3$ 結晶は，$T > T_C$ においては常誘電相で，その単位格子は図 4.11 に示すような立方晶系に属する．記憶力のよい読者は，これが図 3.21(a)に示したペロブスカイト構造になっていることに気付くだろう．

図 4.12 に $BaTiO_3$ の自発分極 $\boldsymbol{P}$ (単位は[Coulomb(C)/cm²])の温度依存性を示す．上述のように $T > T_C$ では自発分極が消滅し，強誘電性を失なって常誘電性を示す．また，図 4.13 に比誘電率の温度依存性を示す．

高温側($T > T_C$)から $BaTiO_3$ 結晶の温度を下げていくと，$T = T_C$ で相転移を起こし，立方晶から単位格子が c 軸方向に伸びた正方晶になり，c 軸方向に配向した自発分極$\boldsymbol{P}$が生じる．図には，a 軸および c 軸方向の比誘電率が示されている．さらに温度を下げていくと，$BaTiO_3$ 結晶は図に示されているような転移を起こし，自発分極を生じる．このように，比誘電率は，たとえ同じ物質であっても，温度のみならず，結晶系にも大きく依存することが図 4.13 に示される．なお，結晶系や相転移については，本シリーズ『したしむ固体構造論』などを参照していただきたい．

次に，同じ系列の結晶であっても，その組成によって比誘電率，T_C の温度依存性が大きく異なる実例を示す．図 4.14 は強誘電体であるタンタル酸リチウム

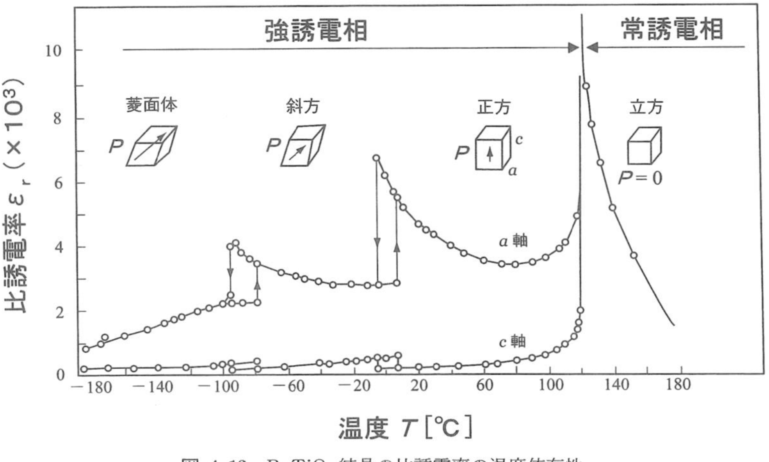

図 4.13　$BaTiO_3$ 結晶の比誘電率の温度依存性
(W.J. Mertz, *Phys. Rev.*, **76**, 1221, 1949 より一部改変)

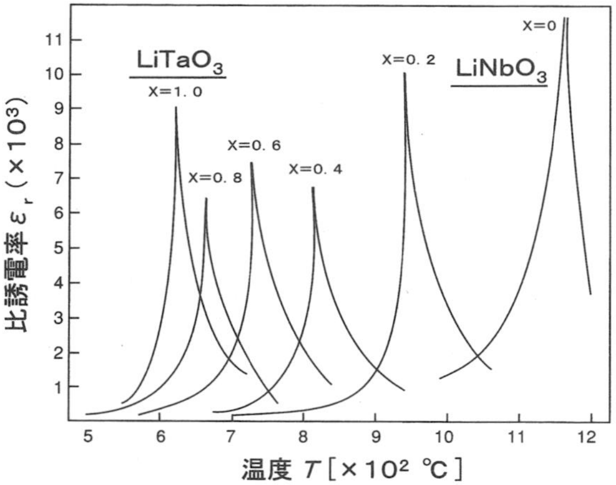

図 4.14　$LiTa_xNb_{1-x}O_3$ 結晶の比誘電率の組成および温度依存性
(F. Shimura and Y. Fujino, *J. Cryst. Growth,* **38**, 293, 1977 より)

($LiTaO_3$) とニオブ酸リチウム ($LiNbO_3$)，およびそれらの混晶の比誘電率の組成と温度に対する依存性を示すものである．いずれに対しても顕著な依存性が見出されるであろう．

4.1.3　圧電効果と焦電効果

■**圧電効果**

ある方向の応力を結晶に加えると，その応力の大きさに応じて原子配列が変位して，機械的歪みを生じる．これが図 4.15(a) に示すような対称中心がない格子の結晶の場合，また，外部応力が特定の方向に加えられた場合，原子変位に伴なう特定の方向の分極が起こる．この時の応力を $\boldsymbol{F}$ とすれば，結晶の単位長さ当りに誘起される電圧 V_p は

$$V_p = \frac{\partial \boldsymbol{P}}{\partial \boldsymbol{F}} \Big/ \varepsilon_r \qquad (4.12)$$

で与えられる．この V_p は**電圧出力係数**と呼ばれる．

このような現象を**圧電効果**あるいは**ピエゾ効果**と呼ぶ．そして，このような効果を示す材料を**圧電材料**と呼ぶ．なお，図 4.15(b) に示すような，対称中心がある格子の結晶の場合は，外部応力によって原子配列が変位し機械的歪みが生

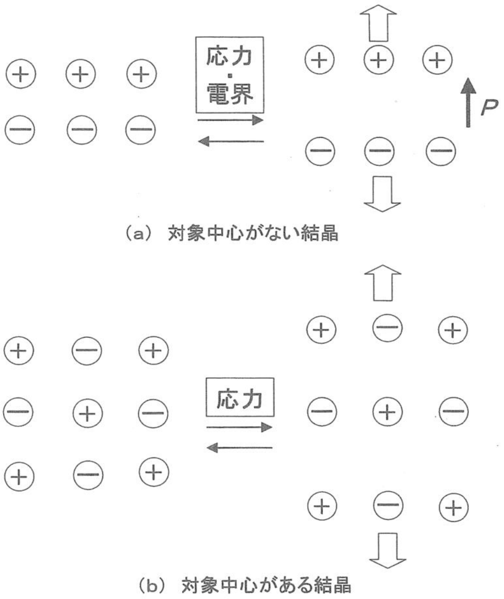

図 4.15 結晶の対称性と圧電効果

じるだけで，圧電効果は示さない．なお，V_p の下ツキ文字 p は，"piezoelectric effect（圧電効果）" の頭文字である．

また，逆に，圧電性結晶に外部から特定の方向の電界をかけると原子配列が変位し，電界の大きさに比例した機械的歪みが生じる．この現象を**逆圧電効果**と呼ぶ．強誘電体はすべて圧電・逆圧電効果を示すが，圧電材料がすべて強誘電体とは限らない．その代表例は水晶（SiO_2）である．

圧電材料を用いると，電気的エネルギーと機械的エネルギーとの相互変換が可能である．このような性質を応用し，圧電材料は音響素子(マイクロフォン，ピックアップ)，超音波振動子，時計用振動子，歪みゲージ，メカニカルフィルターなど広い分野で実用されている．

■焦電効果

自発分極を持つ強誘電体であっても，その表面には空気中のイオンが付着したり，あるいは結晶が持つ電気伝導性のために，表面には電荷が現われない．しかし，自発分極の大きさは温度の関数であり，結晶の温度が変化すると，自発分極の変化分に相当する電荷が表面に現われる．これは，自発分極の変化が生じた時，それを補償する逆極性電荷の移動が時間的に遅れるためである．このような現象を**焦電効果**と呼ぶ．このような性質を有する物質を**焦電体**と呼ぶが，当然，強誘電体は焦電体に含まれる．

いま，焦電体に ΔT の温度変化を与えた時，$\Delta \boldsymbol{P}$の自発分極の変化が生じたとすると，

$$\Delta \boldsymbol{P} = \boldsymbol{\alpha}_{\mathrm{p}} \Delta T \tag{4.13}$$

の関係がある．ここで，α_{p} は**焦電気係数**と呼ばれる．分極 $\boldsymbol{P}$ はベクトル量であるので，焦電気係数もベクトル量になる．なお，α_{p} の下ツキ文字 p は“pyroelectric effect（焦電効果）”の頭文字である．

図 4.12 に示されるように，強誘電体はキュリー温度 T_{C} 付近で自発分極に大きな変化が起こるので，そこで大きな焦電効果が現われることは想像に難くないだろう．

4.2　絶縁特性

4.2.1　絶縁破壊

■固体の絶縁破壊

絶縁体を字義通りに理解すれば，それは電流を“絶縁”するもの，つまり電気をまったく流さないものであるが，実際は図 1.2 に示すように絶縁体の抵抗率は無限大ではない（抵抗率が無限大になることは原理的に不可能である）．つまり，絶縁体といえども少しは電流を生じるのである．事実，絶縁体に電界をかけると，わずかではあるが，その強さに直線的に比例した**漏れ電流**（あるいは**リーク電流**）と呼ばれる電流が生じる．それが現実的な“絶縁性”である．

ところが，絶縁体（誘電体）に加える電界（電圧）を徐々に大きくしていき，その強度がある一定の値に達すると，急激に現実的な絶縁性も失われる．このような現象を**絶縁破壊**と呼ぶ．絶縁体（誘導体）の一般的な電界-電流特性を図 4.16 に示す．電気的絶縁破壊が起こる時には火花放電を伴ない，構造的に破壊される場合もある．低電界領域の絶縁性には結晶構造，格子欠陥，不純物，

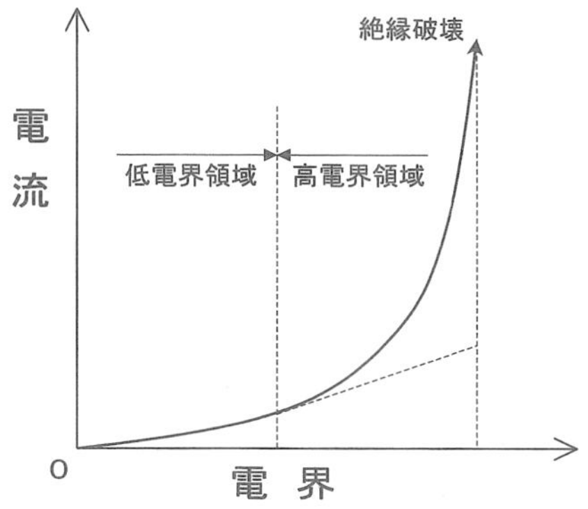

図 4.16 絶縁体（誘電体）の電界-電流特性

形状（特に厚さ），温度，圧力，放射線などの影響が複雑に関係しているので，その解析は容易ではない．

絶縁体（誘電体）材料の観点でいえば，高電界領域の特性および耐絶縁破壊性が重要である．とりわけ，近年の超高集積回路（ULSI）の主役である MOS/MIS（metal-oxide-semiconductor/metal-insulator-semiconductor）型デバイスの構造を考えると，誘電体薄膜の耐絶縁破壊性はマイクロエレクトロニクスの根幹に関わる問題でもある．つまり，MOS/MIS 型デバイスの特性の優劣を決する最も重要な要素の一つが耐絶縁破壊性なのである．膜厚に対して大面積にわたって一定電圧を加えた時，電気的絶縁性（**絶縁破壊耐圧特性**という）の優れた誘電体薄膜が要求される．

MOS/MIS 型デバイスに使われる誘電体薄膜の代表はシリコン酸化膜

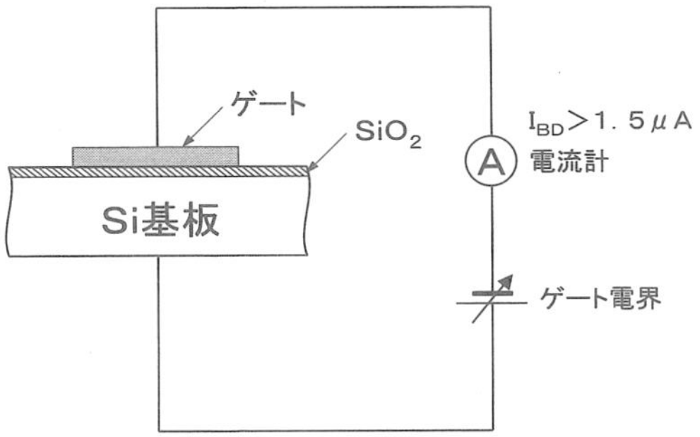

図 4.17 シリコン酸化膜の絶縁破壊耐圧特性の測定概念図

(SiO_2）であるが，その絶縁破壊耐圧特性測定の概念を図 4.17 に示す．シリコン基板（一般にウエーハと呼ばれる）の表面に**ゲート**と呼ばれる電極をつけ，その直下に多数キャリア（5.2 節参照）が蓄積する方向に電圧（**ゲート電圧**）をかけ，この時のリーク電流を測定する．一般的には，ゲート電圧を階段状に増加させ，リーク電流が一定値（例えば 1.5 μA）に達した時の電界強度を膜厚で割った値を**絶縁破壊電界**と定義し，これを$\mathscr{E}_{BD}$で表わす．

一般に，ULSI デバイスの基板となるシリコンウエーハの酸化膜絶縁破壊耐圧特性は，ウエーハ上に一定面積のゲートを多数形成し，$\mathscr{E}_{BD}$のヒストグラムをもって判定することによって評価されている．そのようなヒストグラムの典型例を図 4.18 に示す．

絶縁破壊は一般的にA，B，Cモードの 3 種に分類される．Aモードは，

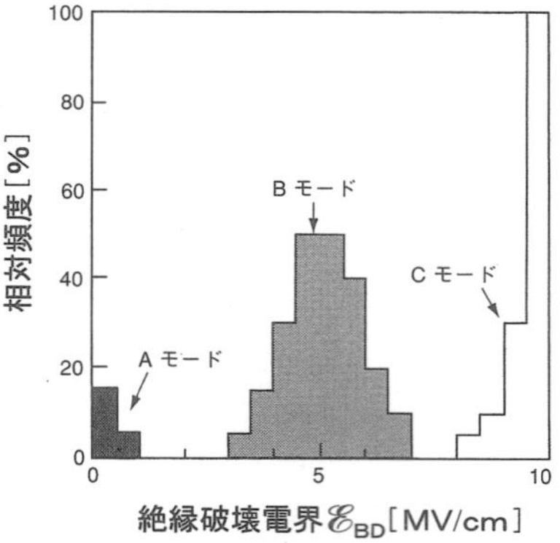

図 4.18　シリコン熱酸化膜の絶縁破壊耐圧特性ヒストグラムの典型例
（山部紀久夫『半導体研究 22』工業調査会，1985 より）

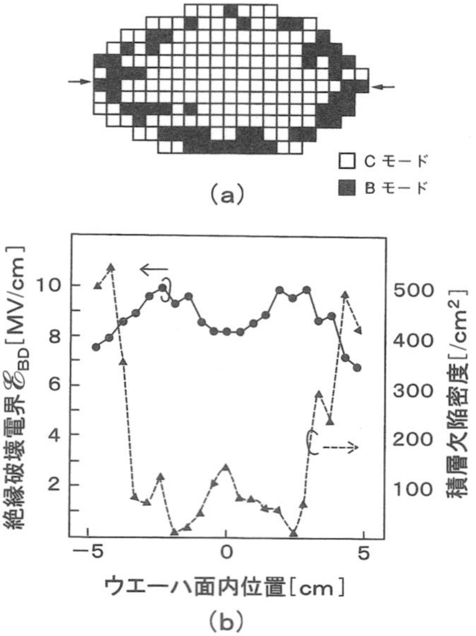

図 4.19　酸化膜絶縁破壊耐圧特性と積層欠陥密度との関係．(a) 絶縁破壊モード分布，(b) 積層欠陥密度
(H. Shirai, K. Kanaya, A. Yamaguchi and F. Shimura, *J. Appl. Phy.*, **66**, 5651, 1989 より)

$\mathscr{E}_{BD}$<1 MV/cm でピンホールなどの機械的損傷によって生じるショート（短絡）である．Bモードは 1 MV/cm<$\mathscr{E}_{BD}$<8 MV/cm で起こり，何らかの結晶欠陥に起因する“漏れ（リーク）”である．Cモードは$\mathscr{E}_{BD}$>8 MV/cm で起こり，これは電子の**トンネル効果**（本シリーズ『したしむ量子論』など参照）の結果としての**トンネル電流**による真性のリーク電流と見なされ，必ずしも“破壊”を意味するものではない．

一般的に，シリコン酸化膜の質はCモードの占める割合で表わされ，高品質の酸化膜の絶縁特性は 100 %Cモードになる．しかし，マイクロエレクトロニクスにおけるシリコン材料工学およびデバイス製造プロセス制御の観点から最も注目すべきはBモード破壊とその原因である．

■絶縁破壊のメカニズム

絶縁体（誘電体）の絶縁破壊は，その要因によって大きく機械的破壊，電子的破壊，そして熱的破壊に分けられる．

機械的破壊は，図 4.18 に示す“Aモード破壊”の原因のピンホールのように，結晶格子の機械的損傷あるいは変形によって起こる．

絶縁体は，図 3.12(a)に示すように，定常状態では充満帯（価電子帯）と空帯を形成するので導電性を持たない．しかし，ある一定以上の強度の電界で，注入される“電子系のエネルギー”が“格子系のエネルギー”より大きくなれば，そして，それが結果的に禁制帯幅のエネルギー，すなわちエネルギー・ギャップ E_g より大きくなれば，価電子帯の電子は禁制帯を越えて空帯に遷移し，伝導電子になるだろう．そして，そのような伝導電子は電界によって加速されて原子との衝突を繰り返し，次々と原子をイオン化して，伝導電子が，あたかも“なだれ”のように発生する（この現象を**電子なだれ**と呼ぶ）．1個の電子から出発して，約 40 回の衝突電離を繰り返すと（これにより，電子数は 2^{40} 個になる）絶縁破壊が生じると考えられている（**ザイツの 40 世代理論**と呼ばれる）．このような絶縁破壊を**電子なだれ破壊**と呼ぶ．

さらに高電界下においては，さきほど“Cモード破壊”の原因として述べたように，トンネル効果によって電子が価電子帯から空帯（結果的に伝導帯になる）へ遷移するために絶縁破壊が起こる．このようなトンネル効果による電子の価電子帯から伝導帯への遷移（**電子放出**）は**ツェナー効果**と呼ばれ，電界$\mathscr{E}$

の下でこれによって生じる電流 J_Z は，

$$J_Z = A_Z|\mathscr{E}|\exp(-B_Z E_g^2/|\mathscr{E}|) \tag{4.14}$$

で与えられる．A_Z，B_Z は定数であるが，後述するように E_g は温度に依存する．

電子のトンネル効果による電流は一般に**フォウラー・ノルトハイム型トンネル電流**と呼ばれ，電流 J_Z による絶縁破壊は**ツェナー破壊**と呼ばれる．

電気抵抗 R の物体に電流 I が流れる時，単位時間中に

$$Q = RI^2 \tag{4.15}$$

の熱量（**ジュール熱**）が発生する．絶縁体中のリーク電流によって生じるジュール熱のために起こる物質の局部的融解や分離が，絶縁破壊を導くことがある．これを**熱的破壊**と呼ぶ．

前述の電子的破壊においても，当然，発熱が生じるので，現実的に両者をはっきり区別するのは困難である．

これらのほか，MOS デバイスを特殊な環境（宇宙空間や原子炉内など）で使用する場合に問題になるのは，電離作用が大きい高エネルギーの放射線や α 粒子さらには紫外線の照射によって生じる電子・正孔（ホール）対による局部的絶縁破壊がある．

4.2.2　絶縁劣化

■破壊と劣化

絶縁破壊電界よりはるかに低い，図 4.16 に示す低電界領域の電界であっても，極めて長時間，長期間の通電によって絶縁性が徐々に劣化する．最終的には絶縁破壊に至るのであるが，絶縁性の経時劣化の現象を絶縁破壊と区別して**絶縁劣化**と呼ぶ．

電子・電気機器の絶縁性能は長期にわたって安定であることが要求されるが，不可避的な絶縁劣化の現象のため，生物と同様に，すべての機器にも一定の寿命というものがあることになる．

絶縁劣化の実態も，絶縁破壊と同様に複雑で，その原因も多岐にわたり相互作用を持つが，絶縁破壊の場合のように機械的劣化，電気・電子的劣化，熱的

劣化に大別できる．これらのうち，電子物性的に興味深いのは電気・電子的劣化である．

■電気・電子的劣化

電気・電子的劣化は大きく電気化学劣化，放電劣化，放射線劣化に分類できる．

電気化学劣化はリーク電流，ジュール熱などの熱によって，誘電体内で構成要素の分解，再結合，不純物の析出，分子間の架橋など各種の化学反応が促進された結果，本来の絶縁性が劣化するものである．電気化学反応は**ファラデイの法則**により，通電電荷量（電流）で決まる．

絶縁体に高電界をかけた時，電子なだれのような電離によって荷電粒子の急激な増殖が起こって通電する現象が**放電**である．絶縁体と導体の界面近傍や絶縁体内部の粒界などで微小放電が起こり，これが絶縁体全体の絶縁性劣化を導く場合がある．これを**部分放電劣化**と呼ぶ．特に，絶縁体の微小空隙(ボイド)間の放電によるものを**ボイド放電劣化**と呼ぶ．このような放電が同時に上述の電気化学反応を促進し，電気化学劣化に寄与することは容易に想像できるだろう．

絶縁破壊の項で述べたように，宇宙空間や原子炉内などは電離作用が大きい高エネルギーの放射線や紫外線が満ちており，絶縁体がこれらの照射を受けると，原子や分子が電離されたり，励起されたりする．この結果，分子構造が変化し，分子の切断や架橋が生じ，また点欠陥などの格子欠陥が導入され，絶縁性の劣化を招く．このような現象を**放射線劣化**あるいは**放射線損傷**と呼ぶ．

チョット休憩● 4

火打石（ひうちいし）

私が小さい頃（昭和 20 年代）は東京にも原っぱ（空地）がたくさんあった．学校から帰ると原っぱに集まり，上級生も下級生も一緒になって，野球や鬼ごっこや缶けりなどで遊んだものである．その原っぱに，道路の舗装に使う砂利(小石)が山のように積まれていることがあった．暗くなってから，その砂利の山に石を勢いよく投げるとパッと火花が飛ぶのが不思議であった．これが，江戸時代まで発火具として使われていた“火打石”と同じ原理によるものであるのを知るのはずっと後のことである（長年，最も一般的な発火具であるマッチが発明されるのは19世紀になってからで，日本で普及し始めるのは明治初年のことである）．

火打石は燧石（すいせき）と呼ばれる石英の一種や珪石，黒曜石などで，これらを打ち合わせると“火”が生まれるのである．これは，木と木とを摩擦させて火を得る方法と共に原始的な発火法の一つで，『古事記』の日本武尊（やまとたけるのみこと）の東征物語にも書かれている．古くは「燧」，後世は「燧石」「火打石」などと書いて「ひうちいし」と読んでいる．

なお，よく時代劇の映画で，旅立ちや外出の時，門口で火打石を打って送り出す場面があるが，あれは，日本で古くから，火には浄化，防災の力があると信じられているための「まじない」である．現在でも芸能界や花柳界などでは習慣として行なわれている．

最近は，マッチの姿を見かけることが少なくなった．それは，さまざまなタイプのライターや点火装置が世の中に出まわったためである．

例えば，ガス・コンロの点火について考えてみよう．昔は例外なくマッチで点火していたのである（それ以前，ロウソクなどに点火する場合は，前述のように火打石が使われていた）．その後，電池を使ってフィラメントを加熱する点火装置が出まわり，飛躍的に便利になった．さらに現在では，電池を使わない点火方式が使われている．ちょっと力を入れて栓をひねるとパチッという音がして火花が飛んで点火する仕組みである．これは，現代の“火打石方式”である．

ここで使われているのが，本章で述べた圧電性を持つ強誘電体結晶である．点火装置に使われる代表的な結晶は，通称ロッシェル塩と呼ばれる酒石酸カリウム・ナトリウム（$KNaC_4H_4O_6$）の結晶である．パチッという音でわかるように，強誘電結晶に瞬間的な圧力を加えて結晶格子を歪ませると，圧電現象によって結晶の両側が正と負に帯電し，この電気を放電させる時に生じる瞬間の火花によってガスに点火する仕組みである．

いわば，古代，人間が手を使って火打石を打ち合わせていたのを機械が打ち合わせるようになっただけで，基本的原理はまったく同じなのである．人間の智恵というものは….

ところで，強誘電体（強磁性体）の転移温度を**キュリー温度**と呼ぶが，これは，この分野の研究を行なったジャック・キュリー，ピエール・キュリー兄弟の名前に由来している．ピエール・キュリーと結婚したのが“キュリー夫人”として有名なマリー・キュリーである．

■演習問題

4.1 外部電界による原子の電子分極について説明せよ．

4.2 配向分極について説明せよ．また，配向分極と温度との関係を述べよ．

4.3 強誘電体の一般的な分極-電界特性曲線を描き，残留分極と抗電界について説明せよ．

4.4 強誘電体のキュリー温度 T_C について説明せよ．

4.5 誘電体薄膜の絶縁破壊電界について説明せよ．

5 半導体物性

エレクトロニクスに象徴される現代文明を支える主要な材料は半導体である，といってもよいだろう．半導体によって作られたトランジスターが発明されたのはおよそ半世紀前の1947年であるが，それまで主要な電子デバイスであった真空管は，いまやほぼ完全にトランジスターに，そして集積回路（integrated circuit；IC）に置き換えられた．ICの発展はすさまじいばかりであり，現在では，わずか2 cm^2 ほどのマイクロチップの中に真空管10億本ほどに相当する機能が埋め込まれている．

半導体を基盤材料とする電子デバイスは一般に“固体デバイス”と呼ばれるが，この固体デバイスは，従来の真空管に代表される電子デバイスと比べ，超小型であり，信頼性と経済性に優れている．このような優れた特徴を持つ固体デバイスは，従来の真空管とは動作原理をまったく異にする半導体特性によって生まれるものである．

本章では，半導体物性の基礎と簡単な応用について述べる．

5.1 半導体の電気伝導

5.1.1 両極性伝導

■両極性伝導

導体，絶縁体そして半導体について図1.2および3.1.2項で簡単に述べた．また，それらの電子物性を視覚的に説明するのが図3.11，3.12であった．

導体，絶縁体，半導体は図1.2に示したように“電気の流れやすさ・流れにくさ”に基づく分類であるが，電流を生じさせるのは自由電子（伝導電子）である．図3.11に示したように，導体（金属）には自由に動けるそのような電子が常に存在するのであった．ところが，絶縁体と半導体の場合は，図3.12に示したように，電子が動ける“隙間”がない価電子帯（充満帯）と潜在的な伝導帯との間にはエネルギー・ギャップ E_g が存在し，「伝導帯」は電子が存在しない空帯になっている．

しかし，半導体の E_g は比較的小さいため（図3.12(b)参照），価電子の一部は熱エネルギーや光エネルギーなどを得ることによって結合から離れ，禁制帯を越えて空帯（伝導帯）に移ることができるのである．つまり，そのような電子は結晶内を自由に動ける自由電子となり，電界 $\mathscr{E}$ の下で電流に寄与する（図3.5(b)参照）．このときの様子を半導体の代表・シリコンを例に図5.1(a)に模式的に示す．図2.20と見比べていただきたい．図中の⊖は価電子を意味する．

価電子が結合から離れた後に生じた“抜け穴”は，そのまま**ホール**（hole）と呼ばれる．そこは，それまで負電荷の電子（⊖）が存在することによって電気的中性が保たれていたのであるから，電子がいなくなってしまった後は，結果的に1個の正電荷（⊕）が残ることになる．したがってホールは**正孔**と呼ばれ，電子と等価の質量を持つ“荷電粒子”として扱われる．

図5.1(b)に示すように，この正孔には電子を引きつける力，つまり電子を移動させる力がある．また，見方を変えると，負電荷の電子（⊖）が左から右の正孔（⊕）の位置に移動したとすれば，それは同時に，正電荷の正孔（⊕）が右から左の電子が存在していた位置に移動したことを意味する．つまり，正孔も電子と同様に電流に寄与するのである．

繰り返し述べたように，電気伝導（電流）の本質は電荷の移動であり，その

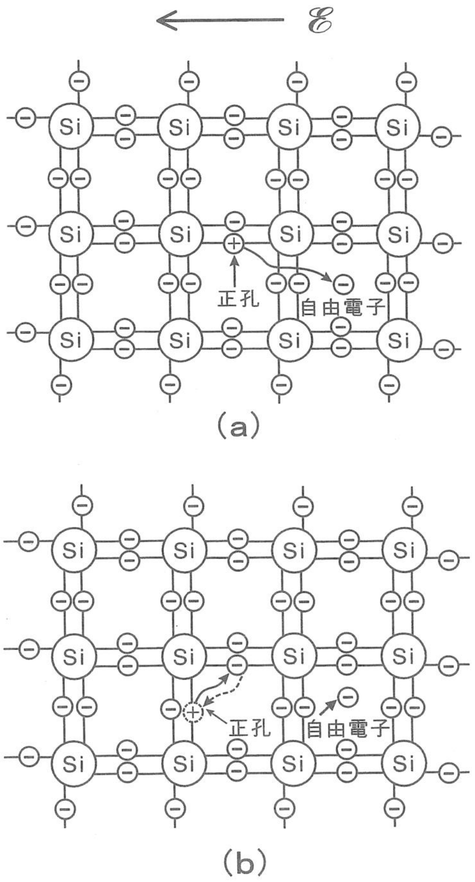

図 5.1　自由電子と正孔の生成(a)と移動(b)

“運び屋”を**キャリア**（担体）と呼んだ（48 ページ）．図 3.5 で金属中の電気伝導（電流）について説明したのであるが，半導体の電気伝導がそれと大きく異なるのは，金属中のキャリアが自由電子（伝導電子）に限られるのに対し，半導体では正・負の異なった符号の電荷（⊖，⊕）のキャリアが同時に存在し，それぞれが電気伝導に寄与することである．このような半導体の電気伝導性を**両極性伝導**と呼ぶ．

電子による電気伝導のメカニズムについては 3.1.2 項で詳述した．以下，半導体の電気伝導の特徴である正孔伝導について述べる．電子による電気伝導を復習しながら考えてみよう．

電界$\mathscr{E}$によって生じる電子の加速度 a_e は

$$a_e = \frac{q\mathscr{E}}{m} \tag{3.6}$$

で与えられた．上述のように，正孔は電子と等価の質量 m を持つ(後述するように，厳密にいえば，電子と正孔の有効質量は異なるのであるが，ここでは等価として扱うことにする)が電荷は逆の $-q$ であるから，電界$\mathscr{E}$によって正孔に生じる加速度 a_h は

$$a_h = -a_e \tag{5.1}$$

となり，図5.1(b)に示されるように，電子と正孔の移動の方向が互いに逆になることが裏づけされる．

■エネルギー帯図で見た両極性伝導

いま述べたキャリア（電子，正孔）の一連の動きを，図5.2に示すエネルギー帯図で考えてみよう．

エネルギー・ギャップ E_g が絶縁体と比べて小さな半導体（図3.12参照）の価電子帯の電子に E_g 以上のエネルギー E（一般的には熱や光によるエネルギー）が与えられると，電子は**励起**して価電子帯（充満帯）から禁制帯を越えて空帯(結果的に伝導帯になる)に上がる．この時，価電子帯に生じる電子の“抜け穴”が正電荷を持つ正孔である．この価電子帯は，電子にとってはほぼ“充満帯”なのであるが，正孔にとってはほぼ“空帯”であり，自由に動ける“伝導帯”なのである．

このような状態で電界$\mathscr{E}$がかけられれば，自由電子と“自由”正孔は，式(5.1)および図5.2に示されるように，互いに逆方向に移動する．これが両極性伝導の実態である．

さらに，図5.3で，電子と正孔が存在する場所とエネルギー帯との関係を考えてみよう．この図は，縦軸がエネルギー，横軸が電子の存在位置を模式的に示すもので，電子軌道(図2.13参照)の仮想的断面と考えてよい．また，この図は，1個のシリコン原子のM殻（3s，3p軌道）の価電子（図2.17，2.27参照）のみを模式的に描いている．内側の殻の軌道の電子が外側の軌道の電子を

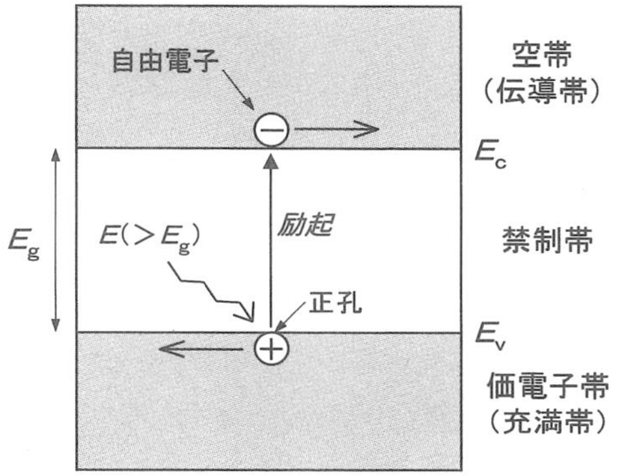

図 5.2　自由電子と正孔の生成

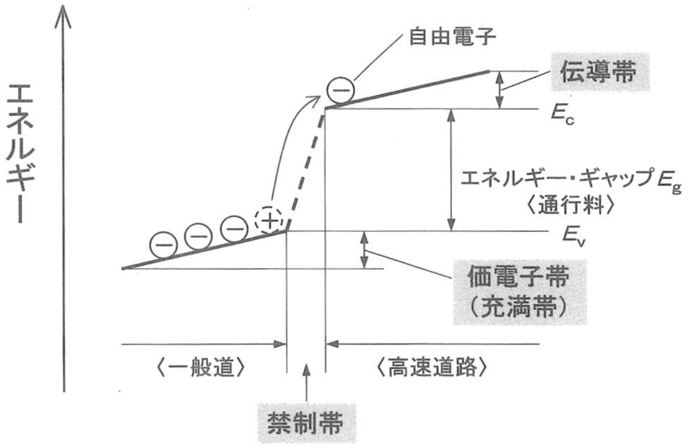

図 5.3　電子軌道の仮想的断面

飛び越えて自由電子になる可能性はゼロなので，M 殻の電子のことだけを考えればよい．

それぞれのエネルギー帯のエネルギー準位は右上がりの斜線で示されている．厳密には，各エネルギー準位は量子化し，図 2.30 に示すように分裂しているのであるが，結晶中では実質的に連続していると考えてよい(図 2.31 参照)．

図 5.3 に示される価電子帯の 4 個の電子のうち，伝導帯に飛び上がれる可能性が一番大きいのは，一番高いエネルギー準位(E_v に一番近いエネルギー準位)の電子（図中，右端の電子）であろう．伝導帯にもエネルギーの幅があるとすれば，飛び上がろうとする電子としては，そのうちの一番低いところ（E_c）に

上がることを考えればよい．結局，すでに何度か述べたように，$E_c - E_v = E_g$ 以上のエネルギーが電子に与えられた場合に自由電子が生まれることになる．伝導帯と価電子帯との間の崖のような場所は電子が存在できない禁制帯である．

価電子が詰まった充満帯は，ちょうど，自動車で埋めつくされた都会の一般道路のようなものである．渋滞のために，自動車は走ることができない．それに対し，伝導帯は空いた高速道路のようなものである．スピード違反で捕まらない限り，自動車は自由に走れるだろう．充満帯から伝導帯に上がるために必要な E_g のエネルギーは，ちょうど，高速道路の通行料のようなものだろう．一般道路・入口（出口）・高速道路の間の道は駐車禁止であり，そこは禁制帯に相当する．前述のように，電子の“抜け穴”である正孔にとっては，価電子帯（電子の充満帯）が高速道路のような“伝導帯”であり，その通行料は電子によってすでに支払われている（しかし，自由電子と正孔の発生は同時なのであるから，通行料は電子と正孔の折半によって支払われていると考えるのが正しいであろう）．

図 5.3 を見れば，伝導帯の下端に位置する電荷が自由電子であり，価電子帯の上端に位置する電荷が正孔であることに気づくだろう．力学的にいえば，式（3.6）と式（5.1）から，“負質量の電子（負電荷）が動く”ことと“正質量の正孔（正電荷）が動く”ことは同一の現象であることが理解できるのではないだろうか．半導体における電子と正孔による両極性伝導は，同じ現象を異なった視点から眺めていると考えてもよいのである．

5.1.2 半導体中の電流

■キャリアの移動度

一般的な電気伝導および電流密度については 3.1.2 項で述べた．電界 $\mathscr{E}$ の下での電流密度 J は

$$J = \sigma \mathscr{E} \tag{3.15}$$

で与えられ，σ は

$$\sigma = N q \mu_e \tag{3.14}$$

であり，これを導電率と呼んだ．

自由電子と正孔による両極性伝導を特徴とする半導体の導電率 σ は

$$\sigma = N_{\mathrm{e}} q \mu_{\mathrm{e}} + N_{\mathrm{h}} q \mu_{\mathrm{h}} \tag{5.2}$$

で表わされる．下ツキ文字の“e”と“h”はそれぞれ電子と正孔を意味し，式(5.2)の第1項は電子の寄与，第2項は正孔の寄与を表わしている．

電子の移動度 μ_{e} は

$$\mu_{\mathrm{e}} = \frac{q}{m}\tau \tag{3.9}$$

で定義されたが，正孔の移動度 μ_{h} も同様に

$$\mu_{\mathrm{h}} = \frac{q}{m}\tau' \tag{5.3}$$

で定義される．τ' は正孔の緩和時間である．なお，厳密には，質量 m は，それぞれ電子の有効質量 m_{e}^*，正孔の有効質量 m_{h}^* に置き換えられなければならないが，ここでは話を簡単にするために，m のままにしておく．

次に，キャリアの移動度の単位と具体的な数値について述べる．

まず，移動度は「1 cm の距離に 1 V の電圧をかけたとき，1秒間に移動する距離」と定義される．この定義を［単位］で表現すれば

$$\frac{\mathrm{cm/s}}{\mathrm{V/cm}} = \frac{\mathrm{cm}^2}{\mathrm{V \cdot s}} \tag{5.4}$$

となる．

移動度は，いわばキャリアが結晶（一般的には物質）内を通るときの通りやすさ，動きやすさを表わすものである（このことから**易動度**と書かれることもある）．したがって，キャリアと結晶を構成する原子や不純物などとの衝突が激しくなれば，移動度は小さくなる．このことは3.2節で述べた「超伝導現象」についての議論を思い出せば理解できるだろう．

極低温では格子の熱振動は小さいが，温度が高くなるとそれが大きくなり，キャリアが結晶格子の原子に衝突する回数が増加し，散乱される度合いが大きくなる．このような散乱が**格子散乱**あるいは**熱散乱**と呼ばれるものである．

また，キャリアは荷電粒子なので，キャリアの移動度はイオン化した不純物

表 5.1　主な半導体の室温におけるキャリアの移動度

	移動度 [cm²/V·s]	
	伝導電子 [μ_e]	正孔 [μ_h]
Si	1500	450
Ge	3900	1900
GaAs	8500	400

の影響も大きく受ける．

このように，キャリアの移動度はさまざまな因子に依存するのであるが，主な半導体結晶の室温における移動度を一つの“目安”として表 5.1 に示しておく．

■ドリフト電流

電流の起源はキャリアの移動であり，両極性伝導の半導体中の電流には**伝導電子電流**と**正孔電流**の 2 種がある．このことは次節で述べる半導体の応用，つまり半導体固体デバイスの動作原理の根幹である．

電界 $\mathscr{E}$ による伝導電子電流密度を J_e，正孔電流密度を J_h とすれば，それぞれ式 (3.14)，(3.15) から

$$J_e = N_e q \mu_e \mathscr{E} \tag{5.5}$$

$$J_h = N_h q \mu_h \mathscr{E} \tag{5.6}$$

で与えられる．したがって，両極性伝導の半導体の全ドリフト電流密度 J_d は

$$J_d = N_e q \mu_e \mathscr{E} + N_h q \mu_h \mathscr{E} \tag{5.7}$$

で与えられる．

図 5.1～5.3 より明らかなように，

$$N_e = N_h = N_i \tag{5.8}$$

である．ここで，N_i は後述する**真性キャリア密度**である（実は，いま議論しているのは後述する**真性半導体**なのである）．

式 (5.8) を式 (5.7) に代入して

$$J_d = (\mu_e + \mu_h) N_i q \mathscr{E} \tag{5.9}$$

となる．この式は，式（5.2）を変形した

$$\sigma = (\mu_e + \mu_h) N_i q \tag{5.10}$$

と等価である．また，式（5.9），（5.10）から式（3.15）が得られることも明らかであろう．

いま述べたのは，半導体中のドリフト電流（54 ページ参照）である．そこで，伝導電子と正孔のドリフト電流をそれぞれ $(J_e)_d$，$(J_h)_d$ とし，式(5.5)，(5.6)を

$$(J_e)_d = N_e q \mu_e \mathscr{E} \tag{5.11}$$

$$(J_h)_d = N_h q \mu_h \mathscr{E} \tag{5.12}$$

と書き直しておく．なお下ツキ文字 d は“drift（ドリフト）”の頭文字である．

■拡散電流

まず，一般的な拡散現象について述べる．

コップの中の水にインクを落とすと，インクの色が徐々にコップの中の水全体に拡がっていき，一定時間後には，コップの中の水は淡いインクの色になって“落ち着く”．これは，**拡散**と呼ばれる極めて基本的な自然現象である．また，拡散現象は自然現象のみならず，社会現象としてもしばしば見られるものである．例えば，図 5.4 に示すように，満員電車に空の車輛が増結されたような場合，立っていた乗客は座席を求めて空の車両に向って移動（拡散）していくだろう．そして，一定時間後には車両の混雑度はほぼ一様になって“落ち着く”

図 5.4　車両内の乗客の拡散

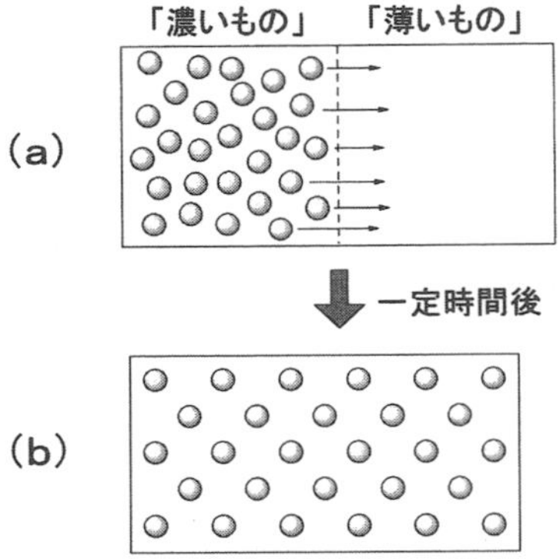

図 5.5　一般的な拡散現象

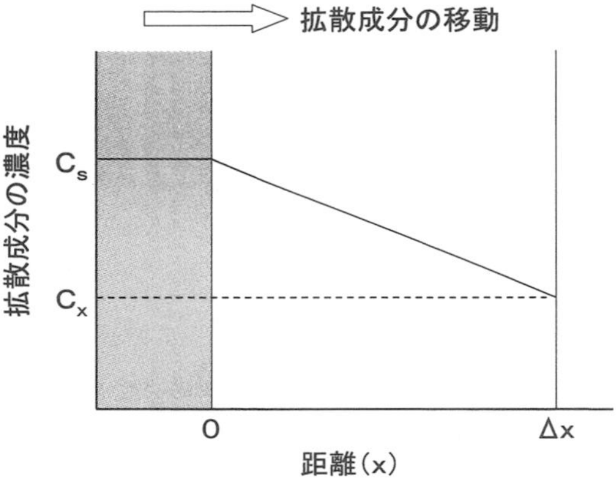

図 5.6　定常的な拡散における拡散物質の濃度勾配

のである．

図5.5に示すように，一般に物質でも熱でも，何でも「濃いもの」と「薄いもの」とが接触すると，その“もの”が濃い側から薄い側の方へ移動し，一定時間後には，その“もの”の「濃度」が均一化される（“落ち着く”）現象が拡散である．

この“もの”は何でもよい．「朱に交われば赤くなる」という諺（ことわざ）も一種の拡散現象を述べたもので，人は交わる友によって善悪いずれにも感化される，という意味である．この場合は「善」あるいは「悪」が拡散することになる．

いま述べたように，拡散する“もの”は何でもよいのだが，とりあえず，物質を考えることにしよう．

図5.5(a)に示すような濃度差があるものが接した場合の拡散物質の濃度勾配について，図5.6を参照しながら数学的に考えてみよう．

拡散物質（より一般的にいえば**拡散成分**）は，初期の高い濃度 C_s から Δx の距離にわたって低い濃度 C_x の方に移動（拡散）していく．このときの濃度勾配 $(C_s - C_x)/\Delta x$ を一定とし（$C_s > C_x$ だから，この勾配を拡散の方向に対して負と考える），拡散成分の流れ密度（**流束**）を J_x とすれば

$$J_x = -D\frac{dC}{dx} \tag{5.13}$$

で与えられる．式（5.13）は**フィックの第1法則**と呼ばれるものである．ここで，D は拡散のしやすさを表わす**拡散係数**である．D は電気伝導の場合の導電率 σ に相当する．また，ここで注意すべきことは，流束は濃度そのものに比例するのではなく，濃度勾配 dC/dx に比例することである．つまり，濃度差が存在しなければ拡散という現象は起こらないのである．

さて，まえおきが長くなったが，ここで，伝導電子と正孔の濃度（密度）が結晶内で均一でない場合のことを考える．

伝導電子も正孔も，式（5.13）に示すフィックの第1法則に従い，密度の高い方から低い方へと移動（拡散）する．伝導電子と正孔の拡散係数をそれぞれ D_e，D_h とすれば，伝導電子の流束 J_e' と正孔の流束 J_h' はそれぞれ

$$J_e' = -D_e\frac{dN_e}{dx} \tag{5.14}$$

$$J_h' = -D_h\frac{dN_h}{dx} \tag{5.15}$$

で与えられる．

このようなキャリアの拡散によって生じる電流が**拡散電流**であり，伝導電子と正孔の拡散電流をそれぞれ $(J_e)_k$，$(J_h)_k$ とすれば

$$(J_e)_k = qD_e\frac{dN_e}{dx} \tag{5.16}$$

$$(J_h)_k = -qD_h\frac{dN_h}{dx} \tag{5.17}$$

となる．なお，$(J_h)_k$ につけられた負符号は，電子と正孔の移動する方向が互いに逆であることを考慮したものである．また，下ツキ文字 k は “kakusan（拡散)” の k である．拡散を意味する英語は diffusion であり，この頭文字を使うと先述の drift（ドリフト）と区別がつかなくなるので，苦しいながら日本語の頭文字を使うことにした．

したがって，伝導電子による全電流密度 J_e と正孔による全電流密度 J_h はそれぞれ

$$J_e = (J_e)_d + (J_e)_k = N_e q \mu_e \mathscr{E} + qD_e \frac{dN_e}{dx} \tag{5.18}$$

$$J_h = (J_h)_d + (J_h)_k = -\left(N_h q \mu_h \mathscr{E} + qD_h \frac{dN_h}{dx}\right) \tag{5.19}$$

で与えられる．そして，半導体の全電流密度 J は

$$J = |J_e| + |J_h| \tag{5.20}$$

となり，これが半導体の両極性電気伝導を最も簡潔に表わす式である．

また，移動度 μ と拡散係数 D との間には

$$\mu_e = \frac{q}{kT} D_e \tag{5.21}$$

$$\mu_h = \frac{q}{kT} D_h \tag{5.22}$$

の関係がある．ここで，k はボルツマン定数，T は絶対温度である．

5.2 真性半導体と外因性半導体

5.2.1 真性半導体

■真性キャリア

前節で簡単に触れたように，図 5.1 は添加物（後述する**ドナー**あるいは**アクセプター**と呼ばれる**ドーパント**）を含まない半導体（シリコン）を示すもので，

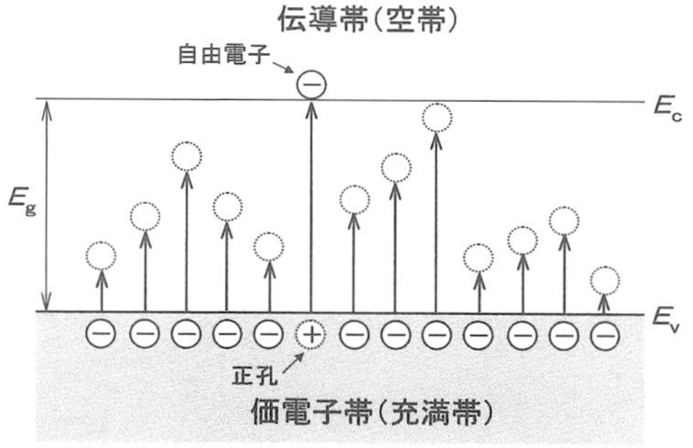

図 5.7　熱エネルギーによってジャンプする価電子帯の電子

このような半導体を添加物を含む**外因性半導体**に対して**真性半導体**（または**内因性半導体**）と呼ぶ．真性半導体中のキャリアである自由電子と，その“抜け穴”である正孔（図 5.1〜5.3 参照）を**真性キャリア**と呼ぶ．

図 3.9，3.12(b)に示したように，半導体は金属と異なり，絶対零度($T=0$K)では伝導帯に電子はなく，そこは完全に空帯になっている．しかし，$T>0$K では，図 5.7 に示すように，価電子帯（充満帯）の電子は熱エネルギーによって“ジャンプ”（励起）している．それぞれの電子は，それなりにジャンプしているのであるが，伝導帯の下端の E_c に到達できた，つまり E_g 以上のジャンプができた電子だけが伝導帯に上がることができる．そのとき，同時に，価電子帯に正孔が生じるわけである．

それでは，どの程度の数の電子が伝導帯に上がれるのだろうか．

真性キャリア密度 $N_i(=N_e=N_h)$ は温度の関数で

$$N_i=\frac{\sqrt{N_c N_v}}{\exp(E_g/2kT)} \tag{5.23}$$

で与えられる．ここで，N_c，N_v はそれぞれ**伝導帯の実効状態密度**，**価電子帯の実効状態密度**と呼ばれるもので，それぞれ伝導帯，価電子帯にどれだけの電子，正孔を収納し得るかという“総座席数”のようなものである．これらを定数と考えれば，式（5.23）は

$$N_i\propto\frac{1}{\exp(E_g/2kT)} \tag{5.24}$$

と略記できる．

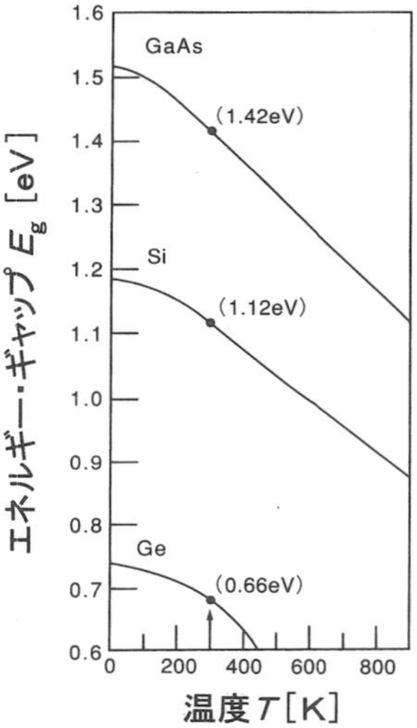

図 5.8　主な半導体結晶のエネルギー・ギャップの温度依存性
(C.D. Thurmond, *J. Electrochem. Soc.*, **122**, 1133, 1975 より)

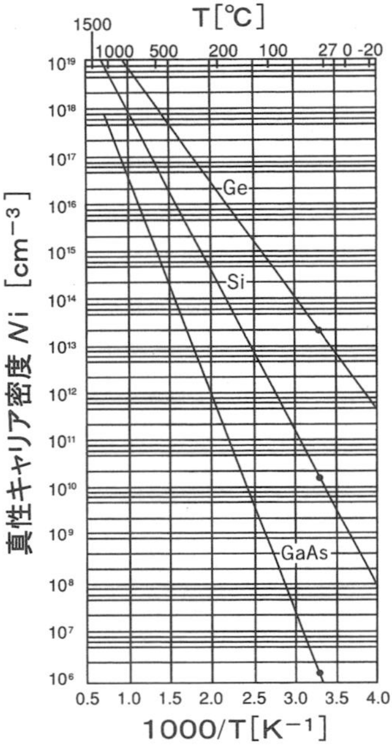

図 5.9　主な半導体結晶の真性キャリア密度の温度依存性
(C.D. Thurmond, *J. Electrochem. Soc.*, **122**, 1133, 1975 より)

このように，真性キャリア密度 N_i は E_g と温度 T に依存するが，その E_g 自体も温度に依存し，温度 T におけるエネルギー・ギャップ $E_g(T)$ は

$$E_g(T)=E_g(0)-\frac{\alpha T^2}{T+\beta} \tag{5.25}$$

で与えられていることが知られている．ここで，$E_g(0)$ は絶対温度 $T=0$K における E_g，また α，β は定数で，いずれも物質特有の値を示す．

表 5.1 に示した代表的な半導体の E_g と N_i の温度依存性をそれぞれ図 5.8，5.9 に示す．

■真性キャリアのフェルミ分布

図 5.7 に示すように，$T>0$K では，結果的に伝導帯に上がれなかった電子も価電子帯にじっとしているわけではなく，それなりにジャンプしているのであ

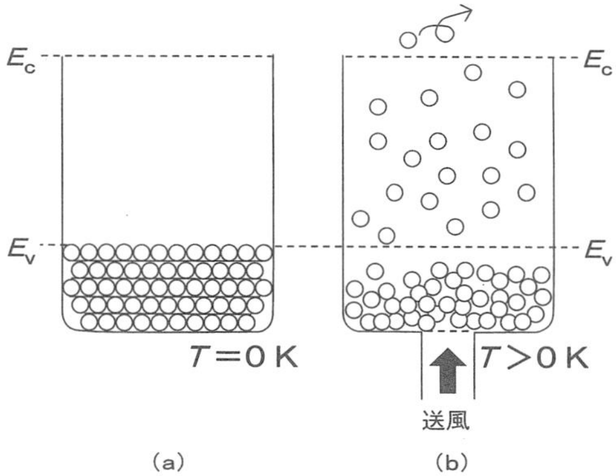

図 5.10 容器に詰められた小球(a)と空中を舞う小球(b)

る．しかし，電子は禁制帯に留まることはできないから，伝導帯に上がれなかった電子は，結果的には価電子帯に落ちざるを得ない．したがって，図 5.7 は，ある瞬間の状態を記録した写真のようなものと考えていただきたい．つまり，電子は禁制帯に“安住”はできないが瞬間的には存在することが可能なのである．

このことを視覚的に理解するために，図 5.10 に示すように，ビーカーのような容器の中に，例えば発泡スチロールの軽い小球を入れ，それを容器の底から風で吹き上げる場合のことを考える．(a) は送風されていない場合で，小球は重力の作用によって底に堆積している．これらの小球に何らかのエネルギーを与えない限り，小球は空中に浮かび上がることができない．(b) は容器の底から送風した場合で，小球は不規則的に空中に舞い上がるであろう．しかし，激しく送風しない限り，すべての小球が上方に舞い上がってしまうわけではなく，自然現象としては必ず底に近い方に，より多くの小球が存在するだろう．

ここで，小球を価電子帯の電子と考える．容器の深さはエネルギー E を表わし，容器の上端が E_c である．(a) は $T=0$K の状態で，堆積した小球の上面が E_v である．すべての小球を底に堆積させる重力は個々の原子の原子核による引力と結合力に相当する．(b) は $T>0$K の状態であり，小球（電子）は送風（外部から与えられたエネルギー）によって，それぞれ勝手に舞い上がっている．中には E_c を越えて容器の外に出てしまう小球もあるだろう．このような小球が

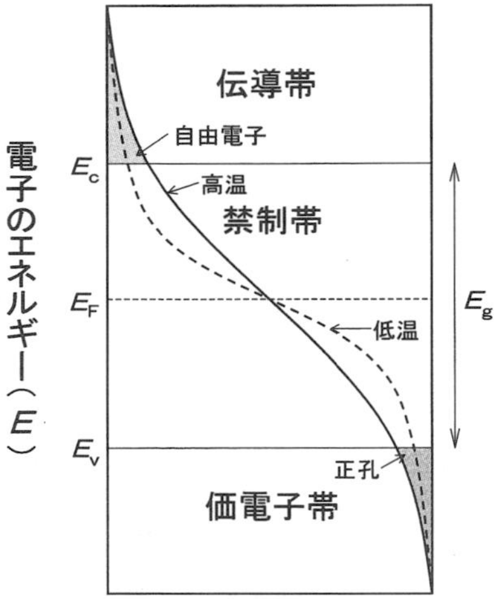

図 5.11　自由電子・正孔のフェルミ分布

自由電子である．送風の強さは温度 T に比例すると考える．温度が高くなれば風力が増し，小球（電子）の舞い上がり方も激しくなり，E_c を越えて容器の外に出る小球（自由電子）の数も増えることになる．

なお，図 5.10(b)の E_v 以下に見られる空隙は価電子の“抜け穴”であり正孔を意味することになる．

次に，送風によって舞い上がっている小球（電子）とその“抜け穴”（正孔），つまり真性キャリアの分布について考えてみよう．

この場合も，3.1.2 項で述べたフェルミ・ディラック分布関数

$$f(E)=\frac{1}{1+\exp\{(E-E_F)/kT\}} \tag{3.17}$$

が適用できるのである．それを図 5.11 に示す．電子は図 3.9 の場合と同時に，温度に応じた分布をする．各分布曲線の下側が電子，上側が正孔の存在を意味することになる．E_c 以上の準位の電子が伝導帯に上がった電子（図中，高温の場合の自由電子が上端のアミカケで示されている）が，図 5.10(b)に描かれる容器を飛び出た小球に相当する．E_F は禁制帯の中央に位置し，式 (3.17) で表わされる分布曲線は E_F, $f(E)=1/2$ の点に対称な形をしているので，正孔の存在を示す下端のアミカケ領域は上端のアミカケ領域と合同の形になる．つまり，

自由電子と同数の正孔が存在することが示される．図 5.11 から，高温になればなるほど真性キャリアの数（密度）が増すことを視覚的に理解できるだろう．このような真性キャリア密度の温度依存性を示したのが式 (5.23) および図 5.9 であった．

なお，念のために注意しておきたいが，図 5.11 に示される電子のフェルミ分布は，あくまでも数学的な分布を示すものであり，それは電子の“実在”を意味するものではない．図 5.10(b) で説明したように，ある瞬間の“存在の可能性”を意味するものである．繰り返し述べたように，電子は禁制帯に“安住できない”のである．したがって，図 5.11 の禁制帯の中に描かれる E_F，$f(E)$ の曲線に実質的な意味はない．実質的に重要なのは，図中，アミカケで描かれる自由電子と正孔である．

■キャリアの再結合

半導体結晶内では，図 5.2 や 5.11 に示されるように，温度に依存した密度の真性キャリアである電子と正孔が常に発生している．前述のように，このような電子と正孔の数は同じであり，電子の“抜け穴”が正孔（ホール）であるから，真性キャリアとしての電子と正孔の発生は同時である．つまり，これらの電子と正孔は一対のものであり，**電子・正孔対**と呼ばれる．

価電子帯の電子の励起によって生じた自由電子と正孔は，図 5.1 からも理解できるように，結晶内を運動している間に遭遇すれば，同時に消滅する．このような現象をキャリアの**再結合**と呼ぶ．

自由電子と正孔が再結合して，電子･正孔対が消滅する過程は，図 5.12 に示

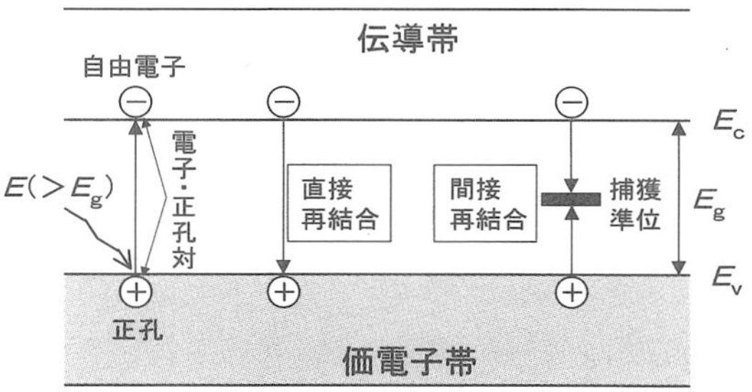

図 5.12　電子・正孔の発生と再結合による消滅

すように，さまざまである．まず，自由電子と正孔が**直接再結合**する場合が考えられるが，これは実際には起こりにくい．結晶内を非常に速く運動する自由電子と正孔が同じ時刻に，同じ場所に存在する偶然性（確率）は極めて低いからである．

一般的に起こりやすい再結合過程は，結晶中の不完全性(不純物や格子欠陥)が**再結合中心**になって自由電子と正孔とが再結合して消滅する**間接再結合**の過程である（再結合中心を男女の待ち合わせ場所のように考えれば理解しやすい）．結晶中の不完全性は禁制帯中に**捕獲準位**あるいは**トラップ準位**と呼ばれるエネルギー準位を生じ，そこ（再結合中心）に捕獲された自由電子と正孔が再結合し，結果的に電子・正孔対が消滅する．

5.2.2　外因性半導体

■ドーパント

添加物（不純物）を含まない真性半導体のキャリア（真性キャリア）の密度は，図 5.9 に示したように，例えばシリコン(Si)の場合，室温(300 K)で 1.45×10^{10} 個/cm^3 である．この数自体は膨大なのであるが，シリコン結晶の原子密度は 5×10^{22}個/cm^3 であり，1 個のシリコン原子が 14 個の電子を持っていることを考えると，伝導電子(真性キャリア)は全電子の中のおよそ 10 兆分の 1(10^{-13}) に過ぎない．これは，例えば，日本の人口をおよそ 1 億とすれば，その 10 万倍の人口の中でわずか 1 人だけが自由に動ける，ということに相当する．室温における真性キャリアの数が，どれだけ少ないかということが実感できるだろう．このように少ない真性キャリアの数のために，図 1.2 に示すように真性半導体の抵抗率（**真性抵抗率**）は導体のものよりはるかに大きく，むしろ絶縁体のものに近いのである(図 3.11，3.12 およびそれらの説明参照)．事実，ガリウム・ヒ素 (GaAs) は代表的な半導体の一つに数えられてはいるものの，その真性抵抗率は絶縁体の領域に入っており，**半絶縁性半導体**と呼ばれているのである．

式(5.8)～(5.20)で説明したように，伝導電子と正孔が半導体中の電流を生じさせることを考えると，半導体が“エレクトロニクス材料”としてはたらくためには，特殊な用途の場合を除き真性キャリアの数はいささか少なすぎるのである．

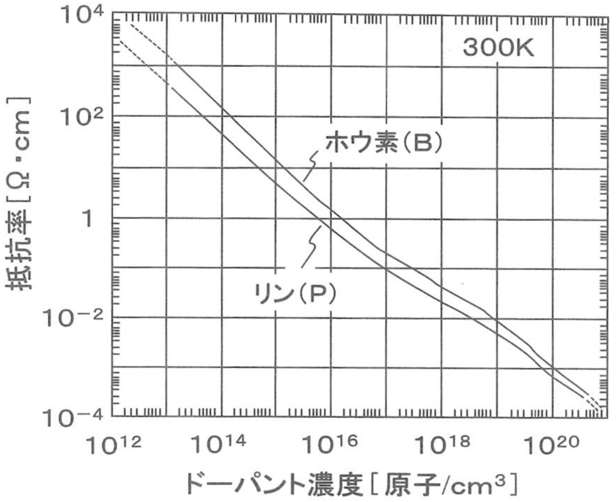

図 5.13　シリコン単結晶中のドーパント（ホウ素(B)，リン(P)）濃度と抵抗率との関係
（J.C. Irvin, *Bell Syst. Tech.*, **41**, 387, 1962 より）

そこで，人為的にキャリアとしての伝導電子あるいは正孔を増やすために，真性半導体中に**ドーパント**と呼ばれる不純物が添加される．このような操作（技術）を**ドーピング**と呼ぶ．添加されるドーパントの量に比例してキャリアの数が増し，その結果，図 5.13（**アーヴィン曲線**）に示すように，抵抗率が小さくなる．つまり，ドーピングによって，人為的に，半導体結晶の抵抗率と主たるキャリア（後述するように**多数キャリア**と呼ぶ）の種類（電子か正孔か）を変えて，種々の半導体“材料”を作ることができるわけである．このような半導体を真性半導体（内因性半導体）に対して**外因性半導体**と呼ぶ．また，ドーパントが“不純物”の一種であることから，外因性半導体が**不純物半導体**と呼ばれることもあるが，半導体結晶にはさまざまな文字通りの不純物が人為的あるいは不可避的に導入され，それが正負の影響を与えるので，不純物半導体という用語を使うべきではない．

また，半導体がエレクトロニクスを支える基盤材料として活躍する上で極めて重要な役割を果たすドーパントを“不純物（不純なもの）”などと呼ぶのはドーパントに対して失礼である．したがって，本書ではドーパントを**添加物**と呼び，不純物半導体という用語は使わないことにする．

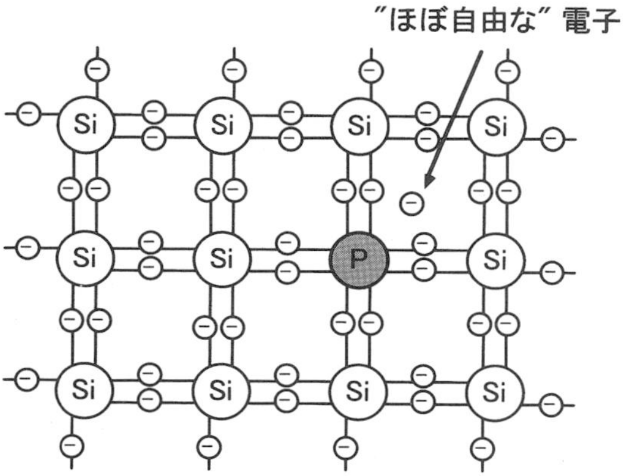

図 5.14　置換したリン(P)原子によって生じた“ほぼ自由な”電子

どのような元素をドーパントに用いるかを考える上で重要な指針を与えてくれるのが**元素周期表**である．以下，代表的半導体であるシリコン(Si)について説明するが，基本的な考え方は，あらゆる半導体に対して共通である．

シリコンは図 2.17 に示したように 4 個の価電子を持つⅣ族（14 族）に属する元素であり，図 2.20 に模式的に描かれるような共有結合をしている．

図 2.20 に描かれるシリコン原子の 1 個を，図 5.14 に示すように，5 価（Ⅴ族，15 族）の元素，例えばリン（P）で置換することを考える．〈付録〉に示したように，リン原子は価電子帯の M 殻（図 2.13 参照）に 5 個の電子を持っているので，シリコン原子がリン原子に置換されると電子が 1 個余ることになる．これは“ほぼ自由な”電子で伝導電子となって電流に寄与する．“ほぼ自由な”の意味については後述する．

リン原子 1 個の置換につき 1 個の伝導電子が生まれるので，ドーピング量が増大すればするほど伝導電子の数が増大し，式 (5.18) そして図 5.13 に示されるように抵抗率が小さくなる．

一方，シリコン原子を 3 価（Ⅲ族，13 族）の元素，例えばホウ素（B）で置換した場合のことを模式的に図 5.15 に示す．ホウ素原子は価電子帯の L 殻に 3 個の電子しか持っていないので（〈付録〉参照），シリコン原子がホウ素原子に置換されると，共有結合電子が 1 個足りなくなり，そこに正孔が 1 個生まれる

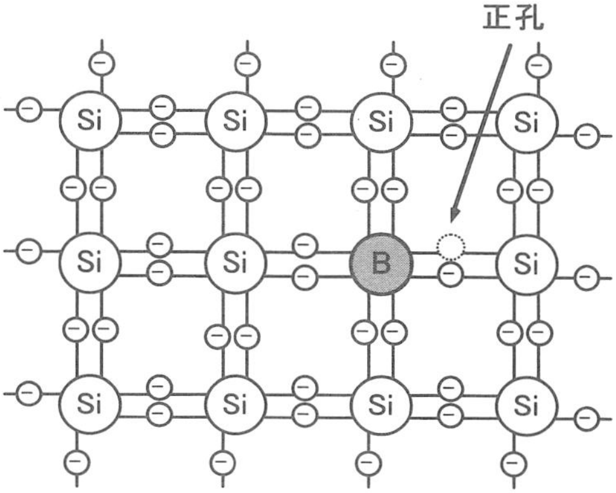

図 5.15　置換したホウ素(B)原子によって生じた正孔

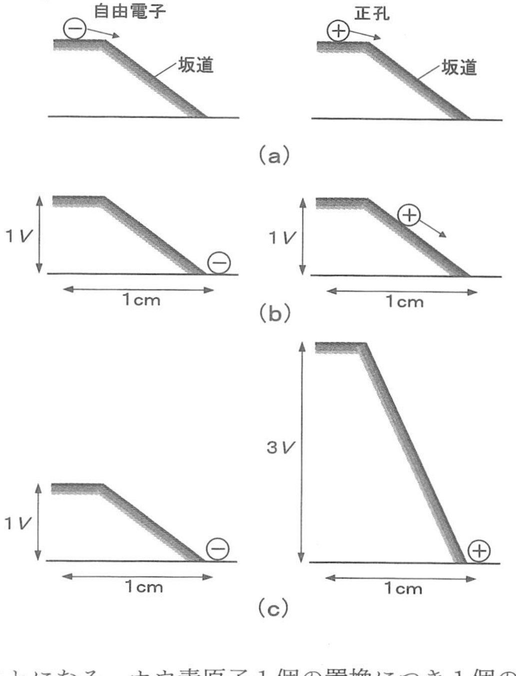

図 5.16　自由電子と正孔の移動度

ことになる．ホウ素原子 1 個の置換につき 1 個の正孔が生まれるので，ドーピング量が増大すればするほど正孔の数が増大し，式 (5.19) そして図 5.13 に示されるように抵抗率が小さくなる．

ところで，図 5.13 によれば，同じドーパント濃度であっても，リンとホウ素をドーピングした場合では，それらの抵抗率が異なる．つまり，伝導電子と正孔の密度が同じであっても，正孔より電子が寄与する電流の方が大きい．これは，電子の移動度の方が正孔の移動度よりも大きい（表5.1参照）ためである．

図5.16(a)に示すように，坂道の上に自由電子と正孔を1個ずつ置いて，ころがすことを考えてみよう．

シリコンの場合，自由電子と正孔が同時にスタートしたとすれば，自由電子の移動度は正孔の3倍ほどであるから，図5.16(b)に示すように，自由電子が下に着く頃，正孔はその1/3ぐらいの距離しかころがっていない．

この場合の“坂道”というのは，実際には電圧のことである．すでに何度か述べたように，キャリアは電圧をかけられた時に一定方向に移動する（坂道をころがる）のである．105ページで述べたように，1 cmの距離に1 Vの電圧をかけた時（電圧“坂道”の傾斜は1 V/cm），キャリアが1秒間に移動する距離が移動度であった．

同時にスタートした自由電子と正孔を，同じ地点に，同時に到着させようとすれば，その一つの方法は，図5.16(c)に示すように，正孔の坂道の傾斜をおよそ3倍にきつくする（高電圧にする）ことである．つまり，同じ電流密度を得る（同じ数のキャリアを移動させる）のに，移動度が小さい正孔の方はより高電圧が必要になることを意味し，結局，同じ数（濃度）の自由電子の場合と比べて高抵抗になるということである．つまり，同じ抵抗率を得ようと思えば，より高濃度の正孔を導入しなければならず，これが図5.13の2本の線に見られる“差”の理由である．

■**ドナー**

図5.14に示されるリン（P）原子のように，真性半導体中に伝導電子を生じさせるドーパントを**ドナー**（donor；寄贈者）と呼ぶ．臓器移植の場合，臓器提供者のことをドナーと呼ぶが，それも同じ意味である．

図5.14で，ドナーによって“ほぼ自由な”電子が生まれると述べたが，この電子についてもう少し詳しく考えてみよう．“ほぼ自由な”の意味が理解できるだろう．

リン（P）は5価の原子で，5個の価電子を持っている．4価のシリコン原子との共有結合においては，4個の電子を“拠出”すれば十分なので，図5.14に

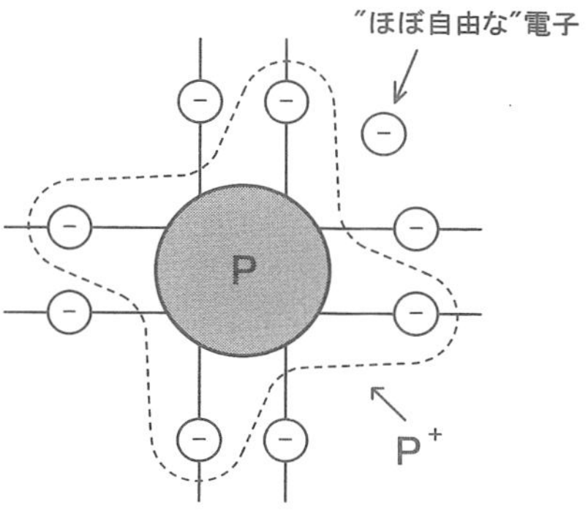

図 5.17 シリコン結晶中の“ほぼ自由な”電子とイオン化したリン原子

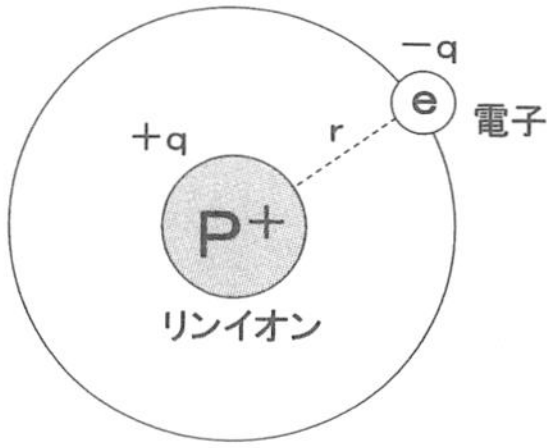

図 5.18 イオン化したリン原子(P^+)と“ほぼ自由な”電子(e)

示されるように，1個の電子が余るのである．いま，図5.14のリン原子（ドナー）に注目し，それを改めて図5.17に示す．

リン原子の電気的中性は，当然のことながら，シリコン原子との結合に関与しない“余った”1個の電子をも含めた場合に保たれるのである．図5.17に示すように，シリコン原子と結合した結果，1個の価電子が切り離された形になっているリン原子は

$$\mathrm{P} \rightarrow \mathrm{P}^+ + \mathrm{e}^- \tag{5.26}$$

のようにイオン化した状態になっている．つまり，もともとリン原子に属していた“余り”の電子 (e^-) は P^+ にクーロン力で引きつけられていることになる．このことを模式的に表わすのが図5.18である．

クーロン力による束縛は，共有結合による束縛と比べれば圧倒的に小さいので，図5.14，5.17に示される電子は“ほぼ自由な”電子なのである．このようなイオン化したドナー原子 (P^+) の束縛から離れて“ほぼ自由な”状態から“自由な”状態になる，つまり伝導電子になるためには，式 (2.14) にならって

$$E_{\mathrm{e}} = -\frac{mq^4}{8\varepsilon_{\mathrm{s}}\varepsilon_0{}^2 h^2} \tag{5.27}$$

で得られるエネルギー E_{e} が必要である．ここで，ε_{s} はシリコンの誘電率(ε_0 は真空の誘電率) である．各定数を式 (5.27) に代入すると，$E_{\mathrm{e}} \sim -0.05\,\mathrm{eV}$ が得

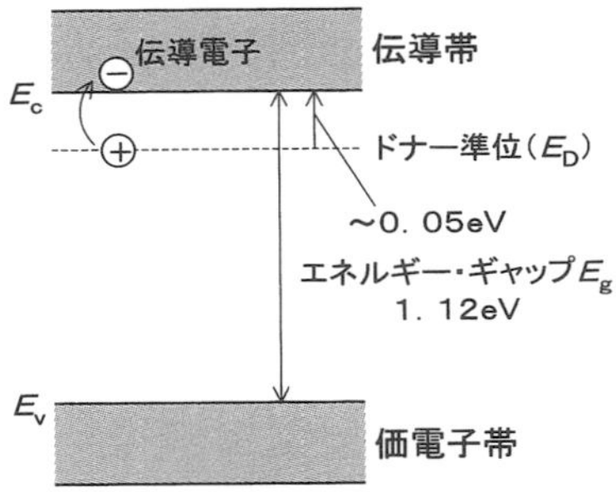

図 5.19　シリコンのエネルギー帯の中のドナー準位

られる．すなわち，図5.18に示される電子(e)，つまり図5.14，5.17に示される“ほぼ自由な”電子は，“自由な”伝導電子よりも 0.05 eV 低いエネルギー状態にあることになる．これを，エネルギー帯で表わせば図5.19のようになる．

ドナー原子に束縛されている“ほぼ自由な”電子は伝導帯の底（E_c）から～0.05 eV 下のエネルギー準位にある．このエネルギー準位を**ドナー準位**あるいは**ドナー・レベル**と呼び E_D で表わす．ドナー準位にある電子は，価電子帯から伝導帯に上がるための“ジャンプ力”(300K で $E_g = 1.12$ eV)と比べれば 1/20 以下の“ジャンプ力”で伝導帯に上がれ，伝導電子になることができるのである．

ドナー原子に束縛されていた“ほぼ自由な”電子が伝導帯に上がって“自由な”伝導電子になってしまうと，残されたドナー原子は $+q$ の電荷を持つイオンになるわけで(図5.17，5.18参照)，図5.19では，それが⊕で表わされているのである．

■アクセプター

4価のシリコン原子を5価の原子，例えばリン原子（ドナー）で置換することによって，“ほぼ自由な”電子が生まれた．そのような電子は伝導帯直下(～0.05 eV) のドナー準位にあるので，容易に伝導帯に上がり，伝導電子になることができるのであった．

一方，シリコン原子を3価の原子，例えばホウ素原子で置換すると正孔が生まれることを図5.15で示した．以下，リン原子の場合と同様に，図5.15に示されるホウ素原子に注目して，正孔が生まれる様子を詳しく見てみよう．

結晶格子位置を占める4価のシリコン原子が3価のホウ素原子で置換されれ

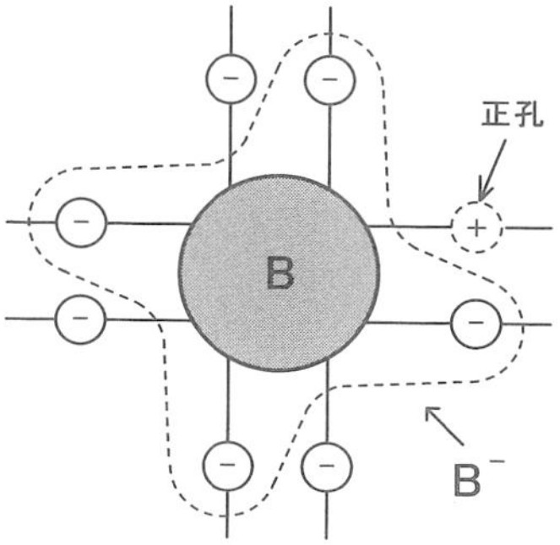

図 5.20 シリコン結晶中の正孔とイオン化したホウ素原子

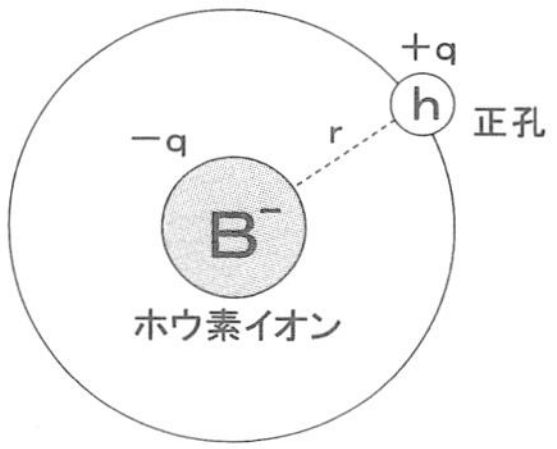

図 5.21 イオン化したホウ素原子 (B^-) と正孔 (h)

ば，共有結合に必要な電子が１個不足するので正孔が１個生まれる，と述べたのであるが，これは４価のシリコン原子の側から考えた話である．ホウ素原子にすれば，図 5.20 に示すように，シリコン原子と置換されたことによって，電子を１個余分に持たされたことになる．つまり，ホウ素（B）原子は

$$B \rightarrow B^- + h^+ \tag{5.28}$$

のように，イオン化した状態にある．h^+ は $+q$ の電荷を持つ正孔（hole）を表わす．

このように，３価のホウ素原子が１個，４価のシリコン原子１個と置換されることによって，正孔が１個生まれるのであるが，これは，ドナー原子の場合とは異なり，ホウ素原子自身が直接生むわけではない．ホウ素原子の隣(図 5.15, 5.20 では右隣）のシリコン原子がホウ素原子と結合することによって，正孔を生まされたのである．ホウ素原子の“介入”によって正孔を生まされたシリコン原子は，見方を変えれば，共有結合できない宙ぶらりんの電子を１個持たされたことになる．この電子は，いわば“半結合状態”でシリコン原子の原子核に強く束縛されているので簡単には自由電子になれない．自由電子になるためには，図 5.19 などに示されるエネルギー・ギャップ E_g 以上の“ジャンプ力”が必要である．むしろ，そのシリコン原子は，足りない１個の電子を満たして，正常な共有結合を望むであろう．つまり，そのようなシリコン原子（結果的に B^- イオン）には電子を１個引きつけようとする力が働く．

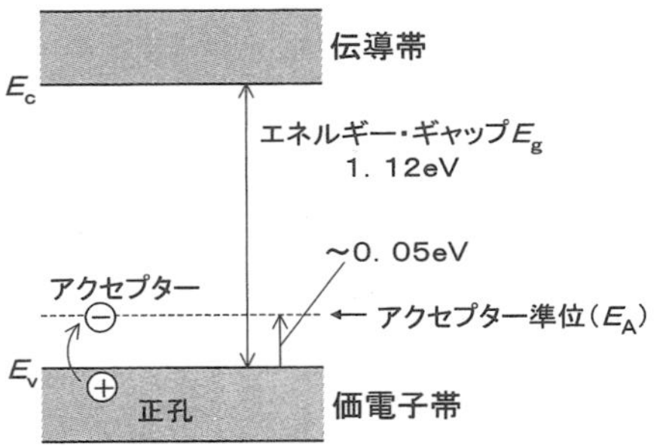

図 5.22　シリコンのエネルギー帯の中のアクセプター準位

このようなイオン化したホウ素原子 (B^-) と正孔との関係を図 5.18 にならって描いたのが図 5.21 である．このとき，正孔 (h) がイオン化したホウ素原子 (B^-) に“束縛されている”と考え，その束縛から解放されるのに必要なエネルギー E_h を式 (5.27) に示した電子の場合にならって求めると，E_h〜0.05 eV が得られる．換言すれば，価電子帯の電子に，この E_h が与えられれば，価電子帯から抜け出して，上述の“正常な共有結合を望んでいる”シリコン原子を満足させることができるのである．実際は，足りなかった 1 個の電子を受け取るのは図 5.15 でホウ素原子 (B) の右隣りにあるシリコン原子なのであるが，図 5.20 のように，ホウ素原子を中心に考えれば，このホウ素原子が“電子を受け入れる (アクセプトする)”といえないこともない．そこで，このようなドーパントのことを**アクセプター** (acceptor) と呼ぶ．アクセプターは，価電子帯から電子を“引き抜く”わけだから，結果的に，価電子帯に正孔を生むことになるのである．

以上の様子をエネルギー帯で説明すれば，図 5.22 のようになる．

価電子帯から 1 個の電子を“引き抜く”ためのエネルギーは上述のように〜0.05 eV である．つまり，価電子帯からの電子を受け入れる“場”の準位は，価電子帯上端の準位 E_v から〜0.05 eV 上にある．このエネルギー準位を**アクセプター準位**あるいは**アクセプター・レベル**と呼び，E_A で表わす．価電子帯の電子は E_v 直上のアクセプター準位の存在 (電子の“受け入れ場所”) のために，本来越えなければならない E_g (1.12 eV) と比べれば 1/20 以下の“ジャンプ力”で価電子帯から抜け出せるのである．このことは，E_g の 1/20 以下のエネルギーで正孔を生み出せることを意味する．つまり，アクセプターのドーピングによって，正孔が容易に生まれるのである．

電子1個を受け入れた（アクセプトした）アクセプター原子は，$-q$ の電荷を持つイオンになるので，図5.22では⊖で表わされている．

アクセプターのドーピングによって，価電子帯に正孔が生じるのであるが，真性半導体の場合（図5.2）とは異なり，同時に伝導帯に伝導電子が生じるわけではないことを念のために書き添えておく．

■ n型半導体

真性半導体にドナー原子をドーピングすることによって伝導電子を生じさせることができる．その伝導電子の密度はドーピングされるドナー原子の濃度に依存する．つまり，図5.13に示したように，半導体の抵抗率はドーパント濃度によって制御されることになる．例えば，エレクトロニクス分野で一般的に基盤材料として使用されるシリコン結晶には 10^{15} 個/cm^3 以上のドナー原子がドーピングされる．このようなシリコン結晶中には多数（$>10^{15}$ 個/cm^3）の伝導電子が存在することになる．電子は負電荷（$-q$）を持っており，この“負”は英語で“negative”なので，頭文字の“n”をとって，多数の伝導電子を持つ外因性半導体を**n型半導体**と呼ぶ．なお，n型の“n”が“N”と大文字で書かれている本をしばしば見かけるが，“N”は“窒素”と混同しやすいので“n型”には小文字を使うべきである．

n型半導体中のキャリア密度は，主としてドナー密度に依存するが，5.2.1項で述べた真性キャリアの存在も忘れてはならない．図5.9に示したように，シリコンの場合，例えば室温（300 K）で真性キャリア密度は 1.45×10^{10} 個/cm^3 である．つまり，通常，n型半導体中には多数（$>10^{15}$ 個/cm^3）の伝導電子と少数（$\sim10^{10}$ 個/cm^3）の正孔がキャリアとして存在することになる．この場合の伝導電子を**多数キャリア**，正孔を**少数キャリア**と呼ぶ．なお，式(5.23)，図5.9に示されるように，真性キャリア密度は温度に依存するので，n型半導体中の全キャリア密度も温度に依存することになる．

また，n型半導体中には，これらのキャリア（伝導電子と正孔）のほかに，図5.17に示されるイオン化したドナー原子（P^+）が存在する．このドナー原子は正（$+q$）の電荷を持つが，キャリアのように移動することができないので，正の**固定電荷**と呼ばれる．次項で述べるpn接合などに応用される半導体の機

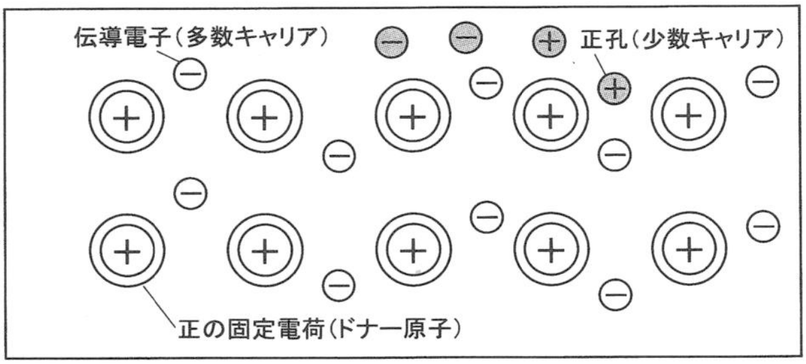

図 5.23　n型半導体中のキャリアと固定電荷

能において，このような固定電荷がキャリアと同様に，極めて重要な役割を果たすのである．

n型半導体中のキャリアと正の固定電荷を図 5.23 に模式的に示す．図中，アミカケが施されているのは真性キャリアである（もちろん，真性キャリアとしての伝導電子とドナーによって生じた伝導電子とが区別されるわけではない）．

■ **p 型半導体**

真性半導体にアクセプター原子をドーピングすることによって価電子帯に正孔を生じさせることができる．前述の n 型半導体の場合と同様に，その正孔の密度はドーピングされるアクセプター原子の濃度に依存し，抵抗率はドーパント濃度によって制御されることになる（図 5.13）．通常，10^{15}個/cm^3 以上のアクセプター原子がドーピングされたシリコン結晶がエレクトロニクス分野で用いられている．このような半導体には多数の正孔が導入されているわけである．

正孔は，その名のとおり正電荷（$+q$）を持っており，この“正”は英語で“positive”なので，頭文字の“p”をとって，多数の正孔を持つ外因性半導体を**p 型半導体**と呼ぶ．なお，n 型の場合と同様に p 型にも大文字の“P”が使われている本をしばしば見かけるが，“P”は“リン”と混同しやすいので，“p 型”には小文字を使うべきである．

n 型半導体の場合（図 5.23）と同様に，p 型半導体中のキャリアと固定電荷を図 5.24 に示す．図中，アミカケされているのは真性キャリアである．

p 型半導体中の主要なキャリアはアクセプター原子によって導入された正孔である．このほかに，真性キャリアとしての同数の伝導電子と正孔が存在する

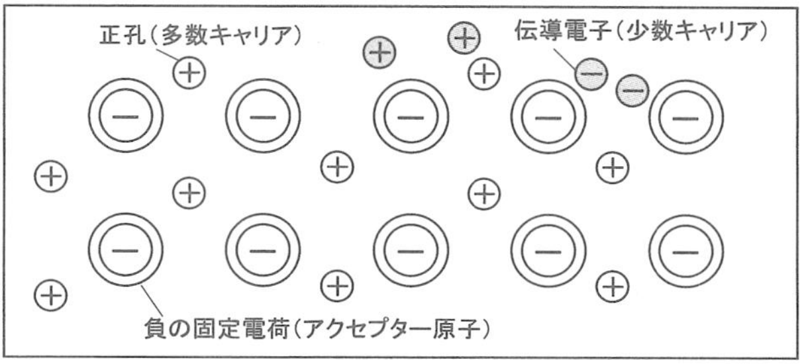

図 5.24 p 型半導体中のキャリアと固定電荷

が，圧倒的に多数のキャリアは正孔である．つまり，p 型半導体の多数キャリアは正孔で，少数キャリアは伝導電子であり，n 型半導体の場合と逆である．また，アクセプター原子は図 5.21 に示されるようにイオン化して負の電荷（$-q$）を持つ．このイオン化したアクセプター原子は，ドナー原子と同様に，移動することができないので負の固定電荷と呼ばれる．イオン化したドナー原子の正の固定電荷と同様に，この負の固定電荷も極めて重要な役割を果たすのである．

5.3 半導体素子の基礎

5.3.1 pn 接合

■キャリアの拡散

半導体素子は外因性半導体である n 型半導体と p 型半導体との組み合わせによって形成されるのであるが，最も基本的，そして最も重要なのが両外因性半導体の“接合”である．

図 5.23，5.24 で図示した n 型半導体と p 型半導体が“接合”した時の様子を模式的に図 5.25 に示す．この図では，それぞれの少数キャリアは省略されている．このような n 型半導体と p 型半導体との接合を **pn 接合**と呼ぶ．“np 接合”でも同じことなのだが，“pn 接合”と呼ぶのが慣習であり，図 5.25 では，それに合わせて，左から p 型，n 型の順に並べてある．

まず，pn 接合を考える上で注意すべきは，この“接合”はあくまでも“原子的な接合”であり，“接着剤”のようなものによる“接着”ではないことである．

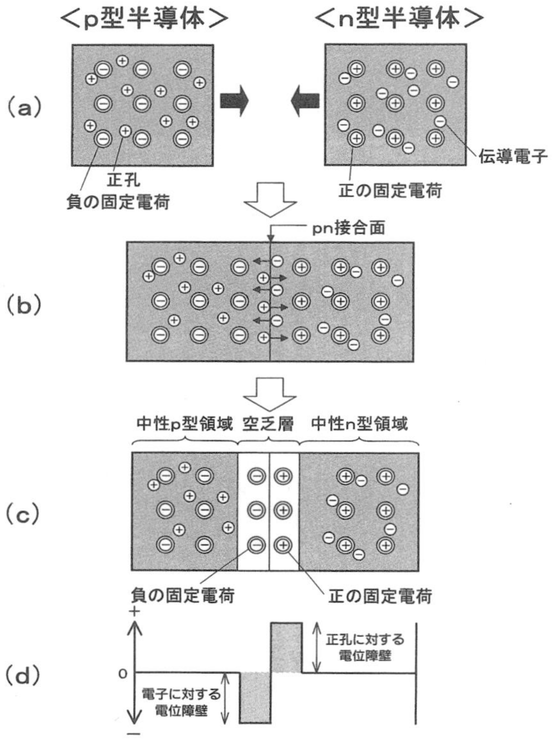

図 5.25　pn 接合と電位障壁

また，p 型半導体と n 型半導体とが接合する面，つまり **pn 接合面**では，両者の二つの表面が“接合”することになるが，その接合面には，後述する**電位障壁**以外は何も存在しないと考えることである．実際の pn 接合を形成するプロセスにおいても，両型の半導体を“接合”させるのではなく，一つの半導体結晶上に他の型の半導体の薄膜結晶を成長（**エピタキシャル成長**）させるか，特定領域に特定のドーパントをドーピングすることによって，結果的に“pn 接合”を形成するのである．

さて，図 5.25(b) に示すように，p 型半導体と n 型半導体が“接合”すると，図 5.4，5.5 そして式 (5.14)，(5.15) で説明した拡散現象によって，p 型半導体の多数キャリアである正孔は n 型半導体へ，n 型半導体の多数キャリアである伝導電子は p 型半導体へ移動する．その時に生じる電流が式(5.16)，(5.17)

で示した拡散電流であった．

一般の拡散現象であれば，図 5.5 に示したように，一定時間後には，p 型半導体，n 型半導体中の正孔および伝導電子の密度は両半導体全体にわたって平均化されて一定になる．ところが，半導体の pn 接合の場合，両キャリアの密度が全体にわたって平均化されるようなことは起こらない．p 型半導体から n 型半導体への正孔の移動（拡散），そしてその逆の方向の n 型半導体から p 型半導体への伝導電子の移動（拡散）は，ほんのわずかな時間で止まってしまうのである．それは，両半導体中に存在する固定電荷のはたらきのためである．

図 5.25(a)に示されるように，p 型半導体では負の固定電荷と正電荷を持つ正孔，n 型半導体では正の固定電荷と負電荷を持つ伝導電子とが一対になっている時に電気的中性が保たれているのである．前述のように，図 5.25(a)では真性キャリア（図 5.23，5.24 参照）が省略されているが，真性キャリアとしての正孔と伝導電子は同数なので，それらの間でも電気的中性が保たれている．なお，図 5.25(a)～(c)では，電気的に中性な領域（**中性 p 型領域**，**中性 n 型領域**）にはアミカケが施されている．

■電位障壁と空乏層

図 5.25(b)，(c)に示すように，pn 接合近辺で拡散によって，p 型半導体中の正孔が“去った”領域には負の固定電荷が，n 型半導体中の伝導電子が“去った”領域には正の固定電荷が“とり残される”ことになる．これらの固定電荷は，それぞれ同じ符号の電荷である伝導電子，正孔に対しては“障壁”となり，さらなる伝導電子，正孔の拡散流入を妨げることになる．つまり，pn 接合面近傍に存在する“キャリアにとり残された”固定電荷は，図 5.25(d)に示すように，**電位障壁**となるのである．城塞を例にすれば，正の固定電荷（イオン化したドナー原子）は正孔に対する“城壁”，負の固定電荷（イオン化したアクセプター原子）は伝導電子に対する“堀”に相当すると考えるとわかりやすいだろう．

結局，pn 接合面近傍に存在（出現）するこれらの電位障壁のために，たまたま pn 接合面近傍に存在していた正孔と伝導電子以外は移動することができず，pn 接合面近傍以外の領域では電気的中性が保たれることになる．

n 型領域に移動した正孔は，そこで多数キャリアである多量の伝導電子に出会うので再結合（図 5.12 参照）の結果，n 型領域の接合面近傍では電気的中性

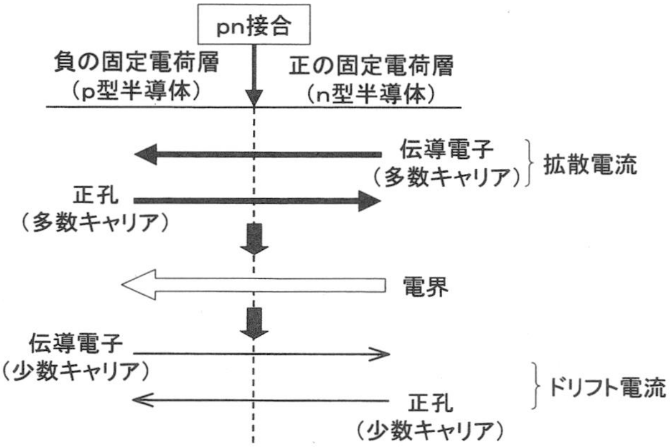

図 5.26　pn 接合に伴なうキャリアの移動と発生電界

が崩れた正の固定電荷が増加する．同様に，p 型領域に移動した伝導電子も多量の正孔に出会って再結合し，その結果，p 型領域の接合面近傍には電気的中性が崩れた負の固定電荷が増加する．

このようにして，pn 接合面近傍にはキャリアが存在せず，負の固定電荷と正の固定電荷のみから成る**電荷層（電荷二重層）**が形成される．キャリアが存在しないこのような領域を**空乏層**と呼ぶ．そして，電荷二重層（⊖⊕）である空乏層においては，図 5.26 に示すように，正の固定電荷層（n 型半導体）から負の固定電荷層（p 型半導体）に向かう電界を発生させ，この電界によって，p 型半導体の伝導電子（少数キャリア）は n 型半導体へ，n 型半導体の正孔（少数キャリア）は p 型半導体へ移動する．このような少数キャリアの移動によって，拡散電流とは逆向きのドリフト電流が生まれることになる．前述のように，図 5.25 では，このような少数キャリアの移動は省略されている．

なお，図 5.25(c)では空乏層を誇大して描いたが，実際の空乏層は非常に薄く，通常は 1 μm（10^{-3}mm）程度である（その厚さは，両型半導体中のキャリア密度に依存する）．つまり，p 型半導体と n 型半導体が“接合”され，拡散とドリフトによってキャリアが移動した後も，ほとんどの正孔と伝導電子は，依然として，中性 p 型領域，中性 n 型領域の中に留まっているわけである．

■整流作用

図 5.25(c)のような pn 接合構造の両端に電圧を加えることを考える．図 5.27 に，その場合の多数キャリアの動きを模式的に描く．(a)は p 型側に正，n 型側に負の電圧をかけた場合，(b)はその逆である．

(a)の場合，n 型中性領域の伝導電子（⊖）は負電極の“斥力”と正電極の“引力”によって左側に，p 型中性領域の正孔（⊕）は正電極の“斥力”と負電極の“引力”によって右側に向かう．この“斥力”と“引力”の和が，図 5.25(d)に示した電位障壁以上のものであれば(“障壁の高さを十分に低くすることができれば”が正確ないい方であるが)，伝導電子と正孔は空乏層を越えて，それぞれ負電極，正電極に達する．つまり，電流が生じるのである．このような電圧の極性を**順方向**と呼び，電流が生じるような極性の電圧を加えることを**順方向バイアス**をかける，という．

一方，逆に，図 5.27(b)に示すような電圧をかければ，伝導電子と正孔は(a)の場合とまったく逆方向の動きをする．p 型領域の正孔は左側の負電極に，n 型領域の伝導電子は右側の正電極に引きつけられる．その結果，図 5.25(c)に示される空乏層は図 5.28 に示すように拡大する．空乏層を拡大し電流を生じさせな

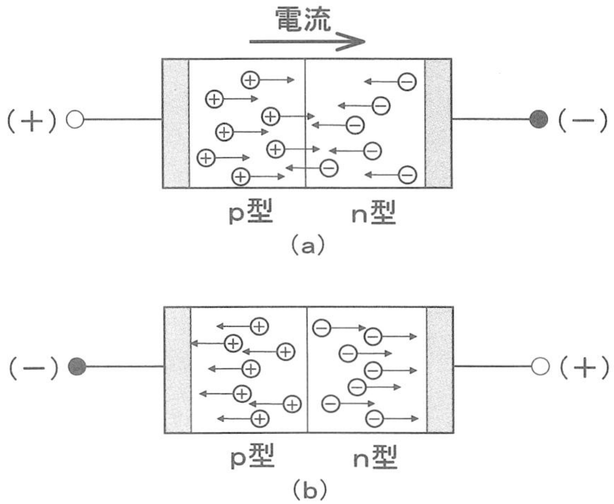

図 5.27　pn 接合の整流作用．(a)順方向バイアス，(b)逆方向バイアス

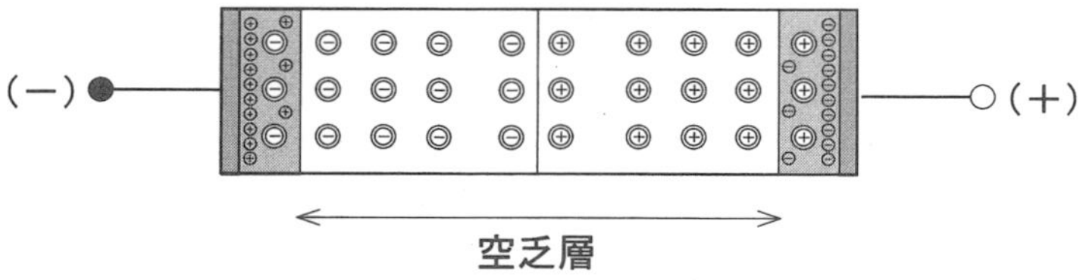

図 5.28　逆方向バイアスによる空乏層の拡大

いような電圧の極性を**逆方向**と呼び，このような電圧を加えることを**逆方向バイアス**をかける，という．

つまり，pn 接合は一方向のみに電流を生じさせる（電気を流す）特性を持つのである．このような特性を**整流性**という．また，図 5.27 のように電圧の向きによって整流性が現われることを**整流作用**と呼ぶ．この整流作用を応用したデバイスが**整流器**である．周期的（一般的には 1 秒間に 50 回あるいは 60 回）に交互に逆向きに流れる電流が**交流**であるが，交流は整流器によって図 5.29 の実線で示すような波形の直流に整流される．

ところで，図 5.27 のように pn 接合に電極をつけた整流器を pn 接合**ダイオード**という．半導体ダイオードが誕生する以前は，もっぱら二極真空管が整流器として用いられていた．本来“ダイオード (diode)”という言葉は，この二極真空管をも含むのであるが，現在では，もっぱら半導体ダイオードの意味で使われている．

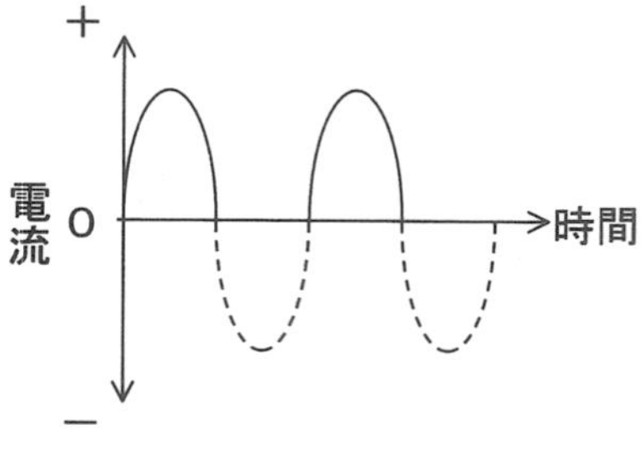

図 5.29　整流された交流波形（+，−は相対的な電流の向きを表わす）

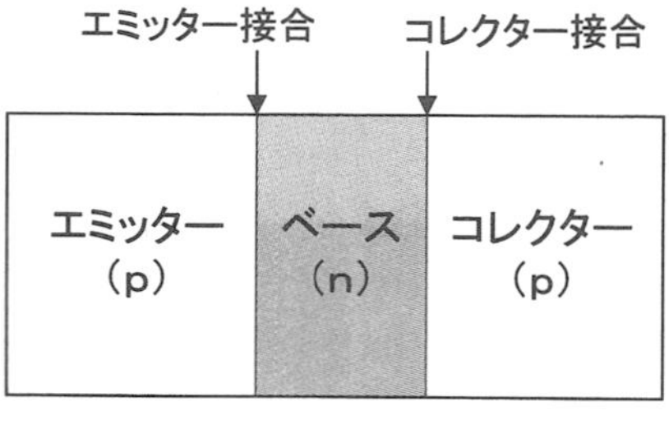

図 5.30　バイポーラー・トランジスター（pnp 型）の基本構造

5.3.2　トランジスター

■バイポーラー・トランジスター

トランジスターの基本構造は，図 5.30 に示すように，**エミッター**，**ベース**，**コレクター**の 3 部分で構成され，その特徴は前項目で述べた pn 接合（**エミッター接合**，**コレクター接合**）を 2 つ持っていることである．図には n 型半導体が p 型半導体にはさまれた pnp 型トランジスターが示されているが，逆の構造の npn 型トランジスターもある．pnp 型では正孔が主役になり，npn 型では電子が主役になる．両型のトランジスターのはたらきの仕組みは基本的には同じなので，以下，pnp 型トランジスターについて述べる．

中央のベースは，トランジスター動作の基本（ベース）になるところで，実際のトランジスターでは，この幅は非常に薄い（通常，1 μm 以下程度）．左側の厚い部分がキャリアを注入する（エミットする）エミッター，右側の厚い部分がキャリアを集める（コレクトする）コレクターである．

pnp 型トランジスターのエミッター側に正電圧，コレクター側に負電圧をかけるとキャリアの分布はどのようになるだろうか．見かけ上，エミッターとベースの間には順方向バイアス，ベースとコレクターの間には逆方向バイアスがかかっていることになる．この結果，図 5.31 に示すように，エミッター接合近傍のエミッター内には正孔が，ベース内には伝導電子が集まる．また，コレクターの負電極近傍には自由電子が集まる．しかし，ベースで隔てられているので両電極間に電気は流れない．

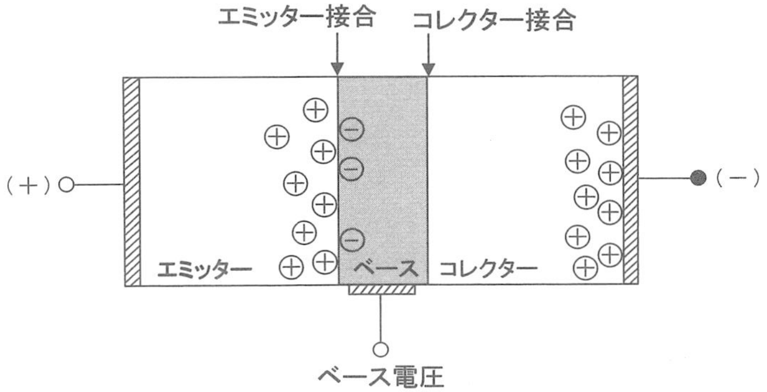

図 5.31　pnp 型トランジスター内のキャリアの分布

エミッター接合部には多数の正孔と，正孔に比べれば少数の自由電子（ベースのドーパント濃度は，エミッターのドーパント濃度の１％以下程度に設計されている）が集まっているのだが，このままの状態ではいずれも電位障壁(図 5.25(d)参照）を越えられない．しかし，ほんの小さな刺激でも与えられれば，まさに，堰を切ったようにキャリアが流れ出ようとしている状態である．

この“ほんの小さな刺激”としてはたらくのが，エミッター接合にかけられるほんの小さな順方向バイアス，つまり，ほんの小さなベース電圧である．このベース電圧は図 5.27(a)で示す順方向バイアスとは異なり，両極間の電流に直接的に関与するわけではない．エミッター内の正孔がベース，そしてコレクターに向って流れ出るきっかけを与えるだけである（前述のように，エミッター接合部に集まる自由電子の数は正孔の数と比べれば圧倒的に少ないので無視する）．

ベース内に流れ込んだ正孔は，ベース内を拡散現象によって移動し，コレクター接合部に向かう．このことから，ベース内を流れる電流を拡散電流と呼ぶ．コレクター接合部に到達した正孔は，負電極の“引力”によって“仲間”が多数待ち受けるｐ型のコレクター内に流れ込み，大きな電流に寄与することになる．この電流を**コレクター電流**と呼ぶ．

以上がトランジスターのはたらきの概要であるが，ここで最も重要なのは，ほんの小さなベース電圧（結果的にベース電流）で大きなコレクター電流が得られることである．このような作用を**増幅作用**と呼ぶ．また，ベース電圧によってコレクター電流を制御できることである．さらに，エミッター，ベース，コレクターに対し，正電圧，負電圧，接地（アース）の組み合わせを変えることにより，トランジスターにさまざまなはたらきをさせることが可能である．

ところで，いま述べたトランジスターは自由電子（⊖）と正孔（⊕）の両方(双極；バイポーラー)の作用によってはたらいている，といえる．そこで，このようなトランジスターを一般に**バイポーラー・トランジスター**と呼ぶのである．

■ MIS 構造と MOS キャパシター

いままでに述べた pn 接合を応用した整流器やバイポーラー・トランジスターは，いずれも半導体に金属（電極）が直接つけられたものであるが，次に，

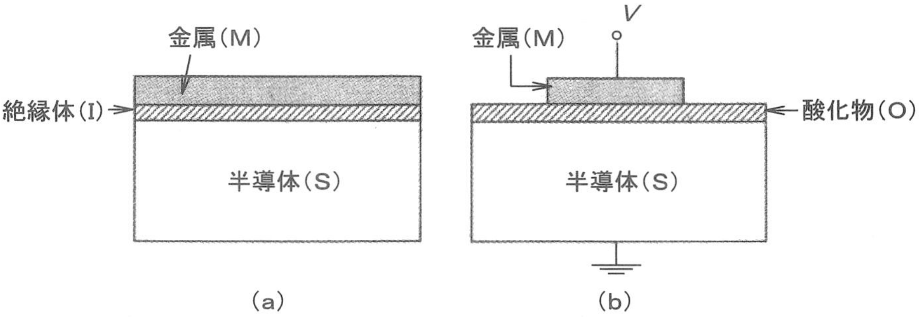

図 5.32 金属-絶縁体-半導体（MIS）構造(a)と MOS キャパシター(b)

図 5.32(a)に示すような金属と半導体との間に絶縁体がはさまれたような構造について考える．

このような構造は上から順に，金属（metal）-絶縁体（insulator）-半導体（semiconductor）となっているので，一般に **MIS 構造**と呼ばれる．絶縁体として酸化物（oxide）が使われる場合は特に **MOS 構造**と呼ばれる．

図 5.32(b)は MOS 構造のキャパシター（電気容量を持つ素子）の断面模式図で，これは **MOS キャパシター**と呼ばれる．なお，日本ではキャパシター（capacitor）をコンデンサー（condenser）と呼ぶことが多いが，“コンデンサー”には複数の意味があるので容量（capacitance）を持つ素子に対しては“キャパシター”という用語を使うべきである．

さて，例として，p 型半導体で作った MOS キャパシターに電圧をかけた時に起こる現象について，図 5.33 を用いて説明する．この現象の理解が，次項で述べる**電界効果トランジスター**の作動原理の理解に直結する．

金属（電極）直下の p 型半導体領域におけるキャリアの挙動に注目していただきたい．

(a)に示す MOS キャパシターに正電圧をかけて徐々に増していき，ある電圧 V_{d} に達すると(b)に示されるように，金属（電極）／絶縁体（酸化膜）直下に存在していた多数キャリアの正孔は電気的斥力によって完全に排斥されて空乏層ができる（上記 V_{d} の下ツキ文字 d は空乏層を意味する英語 depression layer の頭文字である）．さらに電圧を増して，ある電圧 V_{i}（$> V_{\mathrm{d}}$）に達すると，(c)に示されるように，少数キャリアの自由電子が電気的引力によって空乏層上端

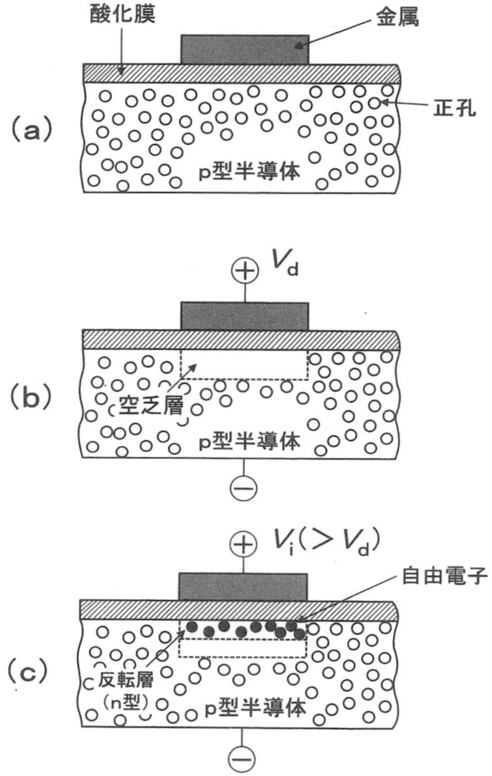

図 5.33　MOS キャパシター(a)に生じる空乏層(b)と反転層(c)

に引き寄せられて(“チリも積れば山となる”) n 型層が生まれる．これを**反転層**と呼ぶ（V_i の下ツキ文字 i は反転層を意味する英語 inversion layer の頭文字である)．このような反転層が電界効果トランジスターの動作において決定的に重要な役割を果たすのである．

■電界効果トランジスター

電界効果トランジスター（field effect transistor，略して FET）は，バイポーラー・トランジスターと動作原理がまったく異なるトランジスターである．バイポーラー・トランジスターが，その名前のとおり“双極性（バイポーラー)”であるのに対し，FET は“単極性（ユニポーラー)”である．

FET の基本構造は図 5.32 に示す MIS (MOS) 構造である．シリコン結晶を

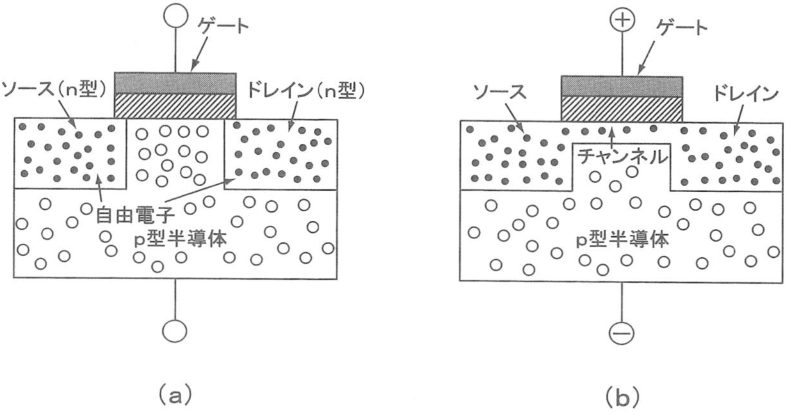

図 5.34　MOS トランジスターの基本構造(a)とチャンネルの発生(b)

半導体基板とした場合，絶縁体にはシリコン酸化物（SiO_2）が使われるので，このような FET は一般に **MOS トランジスター**と呼ばれる．MOS トランジスターは，バイポーラー・トランジスターと比べると構造も動作原理も極めて単純なので，現在の高集積回路（LSI）の主役となっている．

MOS トランジスターには，基板結晶に p 型半導体を使うものと，n 型半導体を使うものの 2 種があるが，ここでは，図 5.33 にならって，p 型半導体を基板に使う場合について説明する．

MOS トランジスターの基本構造を図 5.34(a)に示す．p 型半導体基板の表面に，n 型の島を 2 個作る（これらの“島”は p 型半導体中にドナーを注入することによって形成される）．左側の島は，キャリア（この場合は自由電子）の供給源になるので**ソース**（source）と呼ばれる．一方，右側の島は，キャリアが流れ込む場所になるので**ドレイン**（drain）と呼ばれる．これらの島の中間に位置する金属（電極）-酸化膜は，キャリアの流れを調節する“水門”のようなはたらきをするので**ゲート**（gate）と呼ばれる．

このゲートに，ある一定の正電圧 V_i（図 5.33(c)参照）をかけると，図 5.34(b)に示すように，ゲート直下に n 型反転層が形成され，ソースとドレインを連結する．この結果，ソース・ドレイン間に電圧をかければ自由電子がソースからドレインに移動し（流れ込み），ソース・ドレイン間に電流が生じることになる．

この反転層はキャリアの通路になるので**チャンネル**（channel）と呼ばれる．図5.34(b)の場合，このチャンネルはn型なので，nチャンネルといい，このような構造のトランジスターをnチャンネルMOSトランジスター（略してnMOS）と呼ぶ．基板にp型半導体の替わりにn型半導体を用いた場合は，反転層のチャンネルがp型になるので，pMOSと呼ばれる．

MOSトランジスターの特徴は，構造が極めて簡単な上に，ゲートにかける電圧（**ゲート電圧**）によって，つまり，ゲート直下の電界効果によってチャンネルの幅，結果的にソース・ドレイン電流を制御できることである．これが，電界効果トランジスター（FET）と呼ばれる理由である．

チョット休憩● 5
トランジスターとエレクトロニクス文明

世界史の中で20世紀を特徴づける要素はいくつかあるが，“科学・技術の飛躍的発展とそれらの利用”がその重要な一項目であることは確かであろう．

技術・工学分野に限れば，私は，20世紀最大の発見・発明はトランジスターとレーザーだと思う．レーザーは極めて人工的な光であり，現在，光通信に代表されるオプトエレクトロニクスや機械加工，医療など広範囲の分野で大活躍している．レーザーについては次章に譲り，ここではトランジスターについて述べよう．

トランジスターとは大ざっぱにいって，本章でも簡単に触れたように，発振，増幅，スイッチングなどの仕事を行なわせる電気回路素子である．トランジスターの出現以前は，真空管がこれらの仕事を行なっていた．

いま，不用意に“行なっていた”と書いたが，真空管は完全に姿を消したわけではなく，いまでも，オーディオ・ファンなどに愛好されている．トランジスターを使った機器より真空管を使ったものの方が音質がソフトでよいらしい．しかし，一般的には，真空管はほぼ完全に姿を消した．通産省の統計によれば，1956年頃まで100％を占めていた真空管は，1976年頃にほぼ0％になった．その頃からトランジスター，集積回路（IC）がほぼ100％を占めるようになり，今日に至っているのである．

真空管は，ロシアの民芸人形・マトリョーシカのような形をしたガラス管である．ガラス管の中には電球と同じようにフィラメントが入っており，その動作時にはそれが光る．真空管は別名「熱電子管」と呼ばれ，陰極を熱して電子を取り出すものである．

真空管を使った電気製品が熱くなるのは，この真空管のせいだった．白熱電球の寿命がそれほど長くないのと同様に，真空管は“寿命が短い”という電気回路素子としては致命的な欠点を持っていた．このことは，とりもなおさず，真空管を使った電気製品は故障の頻度が高いということになる．しかし，昔の電気製品のほとんどの故障は，切れている真空管を交換することで，素人にも直せたのである．

それに対し，原理を真空管とまったく異にするトランジスターの寿命は半永久的なのである．さらに，トランジスター（IC）は小型，軽量，低消費電力で動作する，という長所を持つ．1956 年頃に売り出された日本のトランジスター・ラジオが，トランジスターの名前を世界中の一般家庭に拡げたのは有名な話である．とにかく，このトランジスターの出現がエレクトロニクスの驚異的な発展の端緒であった．

固体増幅素子のトランジスターがアメリカのベル研究所で“発見”されたのは，1947 年 12 月 16 日のことである．しかし，“トランジスターの誕生日”は，一般的には，ベル研究所内で，それが幹部に示された 12 月 23 日ということになっている．さらに，トランジスターが社会的に公表されたのは翌 1948 年 6 月 30 日だった．この時がまさに，エレクトロニクス時代の幕開けといえよう．この幕を開いたのは，ショックレイ（1910—1989），ブラッテン（1902—1987），バーディーン（1908—1991）の 3 人である．その 8 年後，彼らはノーベル物理学賞を受賞する．

トランジスターは，当時の社会的要求（例えば，高性能レーダーの追求）と非常に才能がある物理学者の努力の積み重ねの結果として生まれたものである．しかし，その後のエレクトロニクスの発展は，物理学のみならず，化学，金属学，電気・電子工学，数学，生物学，材料化学・工学，コンピューター・サイエンスなど広範囲の分野の専門家をまき込んだ切磋琢磨によってもたらされたものである．

トランジスター，IC を土台とするエレクトロニクスは未曾有の文明を出現させた．

■演習問題

5.1　金属の電気伝導と比較し，半導体の両極性伝導について説明せよ．

5.2　キャリアの移動度の定義を述べ，その単位を示せ．

5.3　半導体の全電流密度を示す式を導け．

5.4　真性キャリアの密度がエネルギー・ギャップ E_g と温度 T に依存することを示せ.

5.5　真性キャリアである伝導電子と正孔のフェルミ分布について説明せよ.

5.6　図 5.13 で，ホウ素とリンのドーパント濃度が同じであるにもかかわらず抵抗率が一致しない理由についてわかりやすく説明せよ.

5.7　ドナーのドーピングによって生じる“ほぼ自由な”電子の“ほぼ自由な”の意味と，その理由について説明せよ.

5.8　アクセプター準位について，その“起源”と“実態”を説明せよ.

5.9　n 型半導体および p 型半導体中の電荷の種類とそれらの密度について述べよ.

5.10　pn 接合の電位障壁，拡散電流，ドリフト電流について説明せよ.

5.11　MOS キャパシターに生じる空乏層と反転層について説明せよ.

5.12　バイポーラー・トランジスター（図 5.31 参照）のベースの幅は極力薄くしなければならない. その理由を考察せよ.

6 電子放出と発光

前章まで，主として自由電子と正孔，つまりキャリア(電気の“運び屋”)の導体あるいは半導体内の“動き”について述べてきた．絶縁体（誘電体)の中には，動けるキャリアがなかったのである．本章では，いままでの導体（あるいは半導体）内の“動き”とは異なった電子の挙動について述べる．

真空中に置かれた金属を加熱したり，あるいは金属に光や電子を照射したりすると，金属表面から電子が放出されるのである．また，多くの無機物質やある種の有機物質（絶縁体）や半導体に外部から何らかの形でエネルギーを与えると電子が励起し，高いエネルギー準位から低いエネルギー準位に遷移する時，そのエネルギー差に相当する波長（振動数）の光（電磁波）を発する．このような発光現象を利用した身近な電気製品に螢光灯やテレビのブラウン管がある．電子の励起を積極的に“重畳”させて得るのがレーザー光である．

電子放出や発光現象はさまざまなエレクトロニクス（特に光エレクトロニクス）機器に応用されている重要な“電子物性”の一つである．

6.1　電子放出

6.1.1　固体の電子放出

■仕事関数と電子放出

金属 (Na) 結晶内の電子のエネルギー準位とエネルギー帯構造を模式的に表わしたのが図 3.7 であった．自由電子は金属内を自由に動くことはできるが，結晶の外に飛び出ることはできない．それは，表面に形成されるエネルギーの障壁 (**表面ポテンシャル**) のためである．この障壁は，電子を結晶外 (真空中) へ持っていくために必要なエネルギーである．真空のエネルギー準位は**真空準位**と呼ばれる．このような金属表面近傍のエネルギー準位を表わすと，図 6.1 のようになる．

フェルミ準位 E_F (図 3.8，図 5.11 とそれらの説明参照) にある電子を金属外部 (真空中) に持ってくるためには**仕事関数**と呼ばれるエネルギー (仕事) が必要である．仕事関数は一般に $q\phi$ で表わされ，ϕ は電位差(電圧)で，その単位は[V]である．ϕ は，金属の表面で，電子が正イオンの束縛から解放されるために必要な電圧である．したがって，仕事関数 $q\phi$ の単位は [eV] になる．また，真空準位が $E_F+q\phi$ になることは明らかであろう．

結局，金属表面に仕事関数 $q\phi$ 以上のエネルギー $E\,(>q\phi)$ を何らかの形で与えれば，表面から自由電子が放出されることになる．このような現象を**電子放**

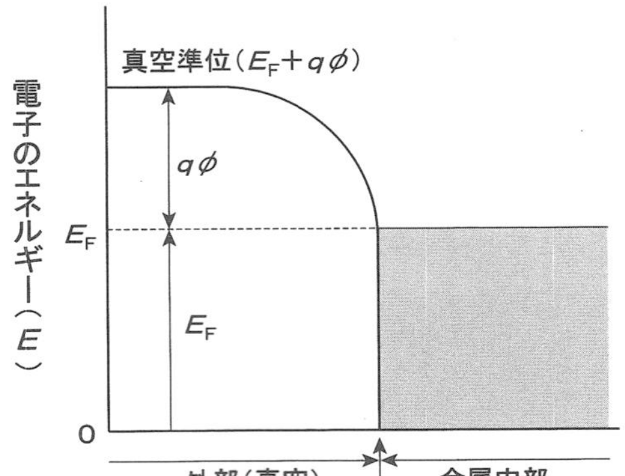

図 6.1　金属表面近傍のエネルギー準位

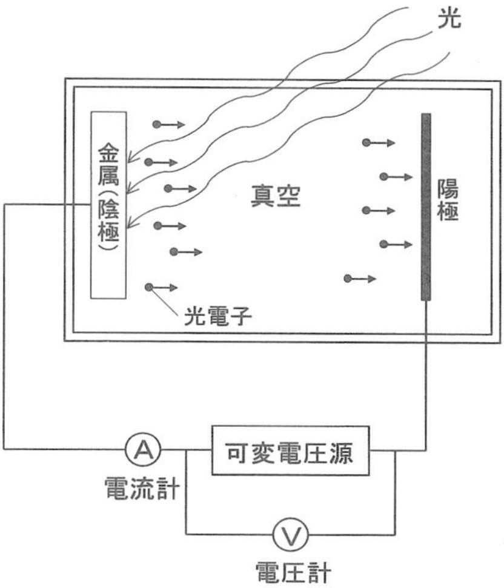

図 6.2 光照射による光電子の放出

出あるいは**電子放射**と呼ぶ．以下，さまざまな電子放出について概観する．

■**光電子放出**

金属表面に，ある種の光を照射すると，表面近傍の自由電子が光のエネルギーを得て表面から外部に飛び出してくる．このような電子を**光電子**（photo-electron）と呼ぶ．また光照射によって金属表面から光電子が放出される現象を**光電効果**と呼ぶ．

光電子放出は，図 6.2 に示すような装置を用いて実験的に確かめられる．

金属（陰極）に，ある一定値以上の振動数（波長）の光を照射すると金属表面から光電子が放出される．この時，陽極に十分な大きさの正の電圧を加えると，光電子は加速されて（図 3.5(b)参照）陽極に達し，**光電流**が生じる．この光電流の大きさは光の強さに比例する．また，ある一定以上の電圧に対しては，光電流の大きさは電圧値に無関係で一定になる．

なお，光電効果については，項を改め，6.1.2 項で詳述する．

■**熱電子放出**

電子放出に関わる金属表面近傍のエネルギー準位，エネルギー障壁を表わす図 6.1 では温度の影響については無視している．しかし，図 5.10，5.11 からも予測できるように，高温になればなるほど，仕事関数 $q\phi$ を上まわるエネルギーを持つ電子が数多く現われるであろう．それらの電子は表面の障壁を越えて外部へ飛び出してくる．このような電子を**熱電子**（thermoelectron）と呼ぶ．この現象（**熱電子放出**）は“発明王”エジソン（1847—1931）によって発見され（1883年），リチャードソン（1879—1959）によって定量的な研究がなされたので，**エジソン効果**あるいは**リチャードソン効果**ともいわれる．前章の〈チョット休憩● 5〉で触れた真空管は，この原理を応用したものである．

熱電子による電流密度（熱電子電流密度）J_t（下ツキ文字の“t”はthermoelectronの頭文字）は温度の関数として表わされるが，その導出は複雑なので，結果を示すと

$$J_t = AT^2 \exp(-q\phi/kT) \qquad (6.1)$$

となる．ここで，A は熱電子放出物質（放射体材料）で決まる定数，$q\phi$ は放射体の仕事関数である．この ϕ 自体も温度に依存し

$$\phi = \phi_0 + \alpha T \qquad (6.2)$$

である．ここで，ϕ_0 は $T=0\,\mathrm{K}$ の ϕ の値，$\alpha\,(=d\phi/dT)$ は ϕ の温度係数である．

式（6.1），（6.2）から

$$J_t = AT^2 \exp(-q\alpha/k) \cdot \exp(-q\phi_0/kT) \qquad (6.3)$$

が得られる．

表 6.1　金属の熱電子放出特性

物　質	融　点 [K]	動作温度 [K]	仕事関数 [eV]	定数A [$\times 10^6 \mathrm{A/m^2K^2}$]
W	3683	2500	4.5	0.60
Ta	3271	2300	4.1	0.4〜0.6
Mo	2873	2100	4.2	0.55
Th	2123	1500	3.4	0.60
Ba	983	800	2.5	0.60
Cs	303	293	1.9	1.62

（R.M. Rose, L.A. Shepard, J. Wulff “*The Structure and Properties of Materials*, Vol. Ⅳ *Electronic Properties*” John Wiley & Sons, 1966 より）

いくつかの金属の熱電子放出特性を表 6.1 に示す．一般に，融点が低い金属の仕事関数は小さな値になることがわかる．

また，図 6.2 のような実験装置を使い，光照射の替わりに金属（陰極）を加熱した場合に得られる熱電子電流は，加えられる電圧によって，一般的に，図 6.3 のような温度依存性を示す．

■**二次電子放出**

金属表面に高エネルギーの電子を照射すると，金属内部の一部の電子がたたき出される．このようにたたき出された電子を**二次電子**（secondary electron）と呼ぶ．二次電子に対し，照射する電子は**一次電子**（primary electron）と呼ばれる．

高エネルギーの一次電子は，一般的には，高速の，つまり運動エネルギーが大きな電子である．二次電子が放出されるためには，一次電子のエネルギーが一定の臨界値を超えていることが必要である．その臨界値は放射体の物質によって異なるが一般的に 20～30 eV 程度である．

二次電子放出効率（あるいは**二次電子利得**）δ は，一般的に，一次電子数と二次電子数との比で表わされる．δ は一次電子の運動エネルギー E_k の関数であり，一般的に，E_k との間に図 6.4 に示されるような関係がある．一次電子の運動エネルギーが小さければ，仕事関数を超えて表面から外部にたたき出される二次電子は一次電子の数に比べてわずかである．つまり，δ は小さい．しかし，E_k が大きくなり過ぎると，放射体を貫通してしまい，二次電子の放出に寄与し

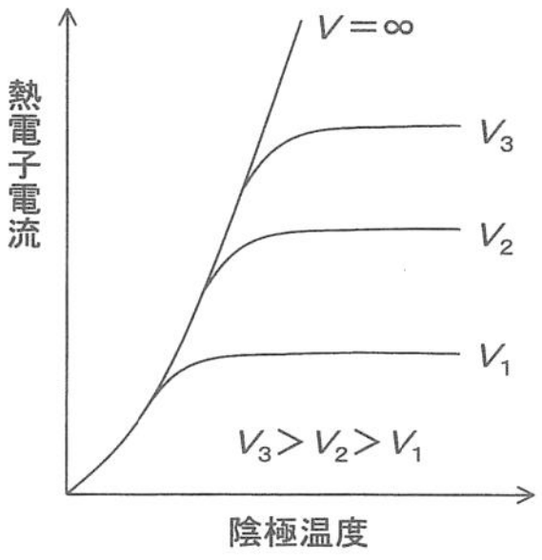

図 6.3 熱電子電流の陰極温度，電圧依存性

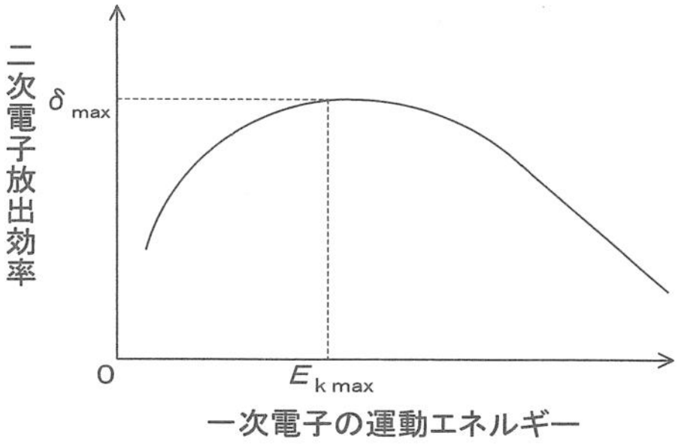

図 6.4 二次電子放出効率（δ）の一次電子運動エネルギー（E_k）依存性

表 6.2　さまざまな物質の二次電子放出特性

放射体	δ_{max}	E_{kmax} [eV]
Al	0.97	300
Cu-Mg	13.00	—
Cu	1.35	600
Cu-Al	10.00	—
Cs	0.9	400
Fe	1.32	400
Mo	1.25	375
Ni	1.3	550
Ni-B	12.0	—
W	1.43	700
MgO	8.2	525
BeO	10.2	500
Al_2O_3	4.8	1300
ガラス	～2.5	400
BaO-SrO	10.0	1400

(前掲 "*The Structure and Properties of Materials*, Vol. Ⅳ" より)

ない一次電子が多くなり，δ を下げる．また，放射体内部で励起した二次電子の中でも高エネルギーの一次電子との衝突のために表面から外部へ出られないものが増え，δ を下げる．

以上のような結果，図 6.4 に示されるように，ある E_k (E_{kmax}) の時に，δ は極大値 δ_{max} を持つことになる．

表 6.2 に，さまざまな物質の二次電子放出特性を示す．通常，単一組成の金属では，δ_{max} が～1 程度であるが，合金では 10 以上のものが得られている．また，MgO や BeO などの酸化物でも大きな δ_{max} が得られている．δ_{max} が大きい物質は二次電子増倍管の電子銃などに使われる．

■電界放出

陰極としての金属（導体）や半導体に 10^7V/cm 程度以上の強電界をかけると（このような強電界は一般に，試料を針状にすることによって得られる），表面から電子が飛び出す．このような電子の放出を**電界放出**と呼ぶ．この場合，陰極は加熱されることなく電界をかけるのみであるから**冷陰極放出**ともいう．したがって，電界放出は温度には依存しない．

電界放出は，古典物理学では説明できない量子力学的な**トンネル効果**によっ

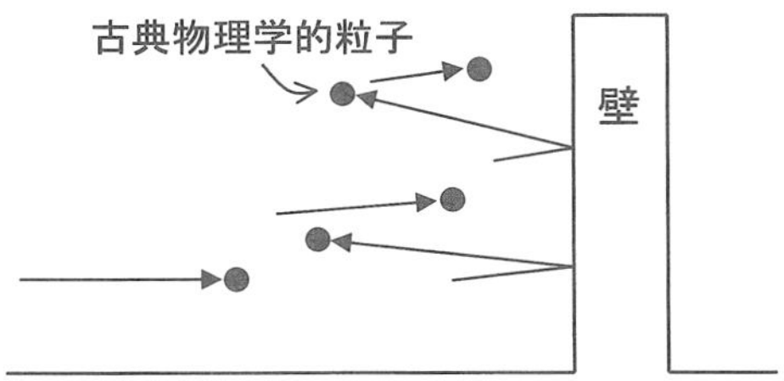

図 6.5 古典物理学的粒子の壁による反射

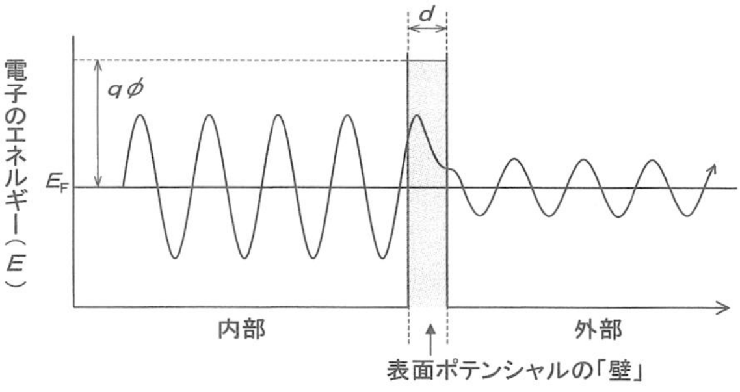

図 6.6 電子のトンネル効果

て起こる現象である．

トンネル効果の詳細については，本シリーズ『したしむ量子論』などの参考書を読んでいただきたいが，以下，概略を述べることにする．

いま，結晶（金属，半導体）内部の電子の前には，図 6.1 に示したような表面ポテンシャルの壁（$q\phi$）が立ちはだかっている．図 6.5 に示すように，古典物理学的な粒子の場合，この壁を越えて外部に出ることは不可能である．しかし，量子論的粒子である電子の場合には事情が異なる．その“事情”を図 6.6 で説明する．図中，波線は量子力学の計算で求められる電子の波動関数を模式的に描くものと理解していただきたい．

電子は，トンネル効果によって，「壁」の中にある程度“浸み込む”ことができる．この壁の中の電子の波動関数は減衰波（本シリーズ『したしむ振動と波』など参照）となる．そして，この壁が十分に薄ければ，電子はある確率で壁を通過して外部に出ることができるのである．この場合の電子の透過率 T は ϕ，E_F，そして壁の厚さ d の関数として，複雑な計算によって求められるのだが，近似法を用いた結果だけを示せば

$$T=\exp\left(-2d\sqrt{\frac{2m}{\hbar^2}q\phi}\right) \tag{6.4}$$

となる．なお，$\hbar=h/2\pi$，また h はプランク定数である．

式 (6.4) からわかるように，壁の高さ ($q\phi$) が高いほど，その厚さ (d) が厚いほど透過率 (T) は小さくなる．つまり，壁を通過して外部へ飛び出る電子が少なくなる．また，注目すべきは，壁の高さ ($q\phi$) がどれだけ高くなっても T がゼロにならない，つまりトンネル効果があることである．この“確率がゼロにならない”というのが量子効果の大切なところである．また，$\hbar=0$（つまり $h=0$）として，古典物理学的に考えれば，式 (6.4) で $T=0$ となり，当然のことながら，トンネル効果がなくなり，図 6.5 に示したように，壁を通過して外部へ出る粒子は皆無になる．

電界放出は，電子顕微鏡の高輝度電子ビーム源などに応用されている．

なお，透過率を表わす記号“T”は温度の“T”と紛わしいのであるが，“*t*ransmission（透過）”の頭文字である．

6.1.2　光電効果

■光量子

1887 年，ヘルツ（1857—1894）によって発見された「金属の表面に光を照射すると，その表面から電子（光電子）が飛び出す」という現象が，すでに述べた**光電効果**である．この光電効果は，今日，光センサー，光電管，カメラの露出計，映画フィルムの録音帯など広い分野に応用されている現象である．

図 6.2 に示したような装置を用いた光電効果に関する実験事実をまとめると次のようになる．

1)　放出される全電子数，つまり光電子電流の大きさは照射される光の強さに比例する．

2)　光電効果を起こす照射光の振動数には一定の制限があり，ある**しきい値振動数** (ν_{th}) 以下の振動数の光はどんなに強くしても光電子を放出できない．ν_{th} の値は金属の種類によって異なる．

3)　光電子が持つ最大エネルギー (E_{max}) は照射される光の振動数 ($>\nu_{th}$) に比例して直線的に変化する．E_{max} の値は光の強さに無関係である．

これらの実験事実のうち，2)，3）は，光が波動（電磁波）だとする古典物理学では説明できない．古典物理学では，光の強さが増す（電磁波の振幅が大きくなる）と照射エネルギーが増すことになるので放出される光電子が増大すると予想されるからである．

1905年，アインシュタイン（1879—1955）は，光電効果に関する以上のような実験事実を見事に説明する理論を提唱した．

余談ながら，この1905年は，アインシュタインが光電効果，ブラウン運動，そして特殊相対性理論という革命的な論文をたて続けに出した年で“物理学上の奇跡の年”と呼ばれている．また，アインシュタインといえば“相対性理論”が有名だが，アインシュタインが1921年に受賞したノーベル物理学賞は，以下に述べる光電効果の理論に対するものである．

閑話休題．

アインシュタインは，プランクの量子仮説（2.1.1項参照）を基にして，光のエネルギーはエネルギーの塊，つまり“量子”として運ばれると考えた．そして，このような光の量子は**光量子**あるいは簡単に**光子（フォトン）**と呼ばれ，光の粒子性と波動性（光の二重性）の考えに到達することになる．

アインシュタインによれば，振動数 ν の光量子1個が持つエネルギー E は

$$E = h\nu \tag{6.5}$$

である（図2.4，2.6，2.7参照）．

■仕事関数としきい値振動数

金属中の電子のエネルギー帯図を模式的に描いた図6.7で光電効果のメカニズムについて考えよう．図の縦軸は電子のエネルギーを表わす．横軸に深い意味はない（図2.31(b)の説明参照）．

図6.7に示すエネルギー帯図は，内容的には図6.1とまったく同じであるが，ここでは“桶”に入った“水（電子）”を思い浮かべるとわかりやすいだろう（図5.10も参照）．フェルミ準位 E_F は，桶に入っている水の上面と考えればよい．この上面から桶の縁までの高さが仕事関数 $q\phi$ である．電子が光電子となって桶から飛び出るためには図6.1で一般的に説明したように，$q\phi$ 以上のエネルギーが金属中の電子に与えられることが必要である．振動数 ν の光（$h\nu$ のエネ

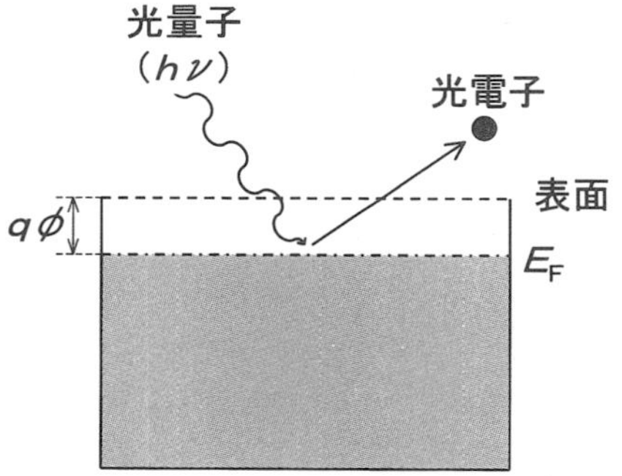

図 6.7　金属中の電子エネルギー帯図と光電効果の説明

ルギーを持つ光量子）が金属に照射され，質量 m の電子（光電子）が表面から飛び出す最大の速さを $v_{\max}$ とすると，その電子が持つ最大運動エネルギー E_{kmax} は

$$E_{\mathrm{kmax}}=\frac{1}{2}mv_{\max}^2=h\nu-q\phi \qquad (6.6)$$

で与えられる．

この式を，例えば，金属AおよびBについてグラフ化すると図6.8のようになる．図中，$\nu_{\mathrm{th(A)}}$，$\nu_{\mathrm{th(B)}}$ はそれぞれ金属A，Bのしきい値振動数，また，$q\phi_{\mathrm{A}}$，$q\phi_{\mathrm{B}}$ はそれぞれの仕事関数である．

式 (6.6) および図6.8によって，古典物理学が説明できなかった上記の実験事実2）および3）が簡単に説明される．また，光の強さが光量子の数によっ

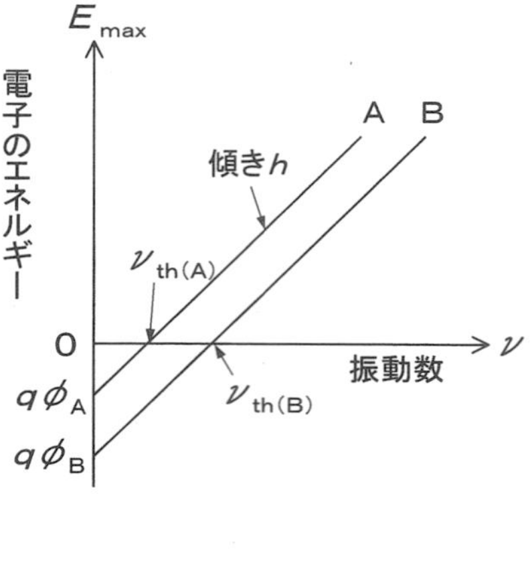

図 6.8　電子のエネルギーと振動数との関係

表 6.3 アルカリ金属の光電特性

物　質	仕事関数 [eV]	最大光電効率波長 [nm]	しきい値波長 [nm]
Na	2.27	約 420	約 550
K	2.15	〃 440	〃 580
Rb	2.13	〃 480	〃 580
Cs	1.89	〃 540	〃 660

（青木昌治『応用物性論』朝倉書店，1969 より一部改変）

て決まる（式（6.5））とすれば，1）も説明できる．さらに，金属（一般化すれば，物質）の種類によって $\nu_{\rm th}$ が異なることは，物質によって仕事関数 $q\phi$ の値が異なることを考えれば明らかであろう．

光電放出効率（**光電効率**）は，二次電子放出効率の場合と同様に，入射光量子ごとに放出される光電子の数で定義される．一般に，アルカリ金属が光電効率が高い物質として知られている．表 6.3 に代表的なアルカリ金属の光電特性を示す．なお，光の振動数（ν）は次式

$$\lambda = \frac{c}{\nu} \tag{6.7}$$

で波長（λ）に変換されている．なお，c は光速である．

また，表 6.3 に示されるアルカリ金属の相対的光電効率と照射光の波長との関係を図 6.9 に示す．二次電子放出の場合と同様の理由で（図 6.4 参照），光電

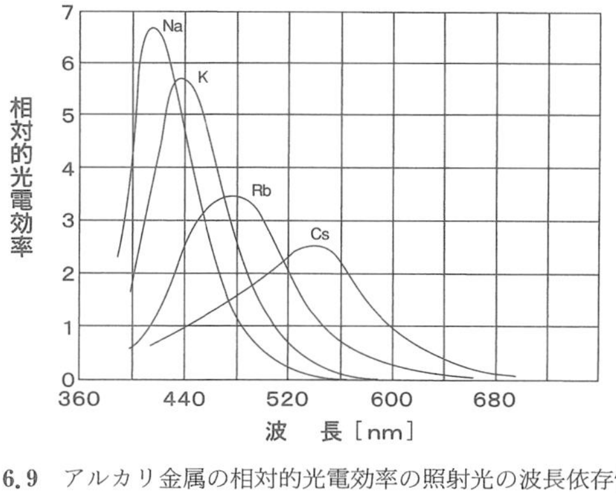

図 6.9 アルカリ金属の相対的光電効率の照射光の波長依存性
（前掲 "*The Structure and Properties of Materials,* Vol. Ⅳ" より一部改変）

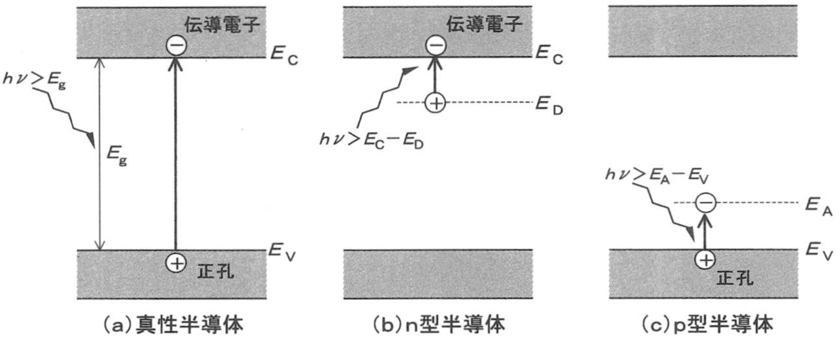

図 6.10　半導体の光伝導現象

効率にも極大値が現われる.

一般的に，良導体で光電効率が低いのは，光反射率が高いことが一因である．また，入射光量子の侵入深さは 10^3 nm 程度であり，光電子の飛程も 1 nm 程度にすぎないので，光電流に寄与する金属表面の原子層の厚さはせいぜい 1 nm ほどである.

■半導体の光伝導現象

半導体に光を照射すると電気伝導度が増加する（電気抵抗率が減少する)．この現象は半導体の**光伝導現象**（あるいは**光導電現象**）と呼ばれる.

半導体の光伝導現象は，基本的に，光照射によってキャリア（伝導電子，正孔）が増加するために起こる現象である．図 5.2（真性半導体）,5.19（n 型半導体)，5.22（p 型半導体）に示すエネルギー帯図をまとめて図 6.10 に示す.

光照射によってキャリアが増加する過程は図 6.10(a)～(b) に示されるが，増加するキャリアは，照射される光のエネルギー $E(=h\nu)$，すなわち，振動数 ν（あるいは波長 $\lambda=c/\nu$)，および半導体の種類によって，(a)真性キャリア（伝導電子と正孔)，(b)伝導電子，(c)正孔，となる.

このような光伝導性を示す半導体を用いて，光信号を電気抵抗の変化に変える**光伝導セル**と呼ばれる装置が作られる．可視光用に Se，CdS，CdSe，CdTe，また近赤外線用に PbS，PbSe，PbTe などの半導体薄膜が用いられている．これらの中で，光伝導物質として特に優れているのは CdS（硫化カドミウム）で，カメラの露出計などに広く用いられている.

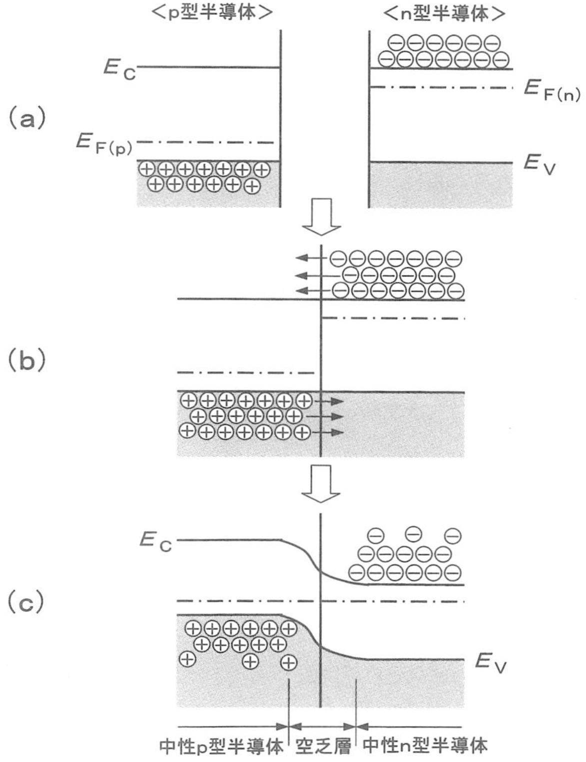

図 6.11 pn 接合のエネルギー帯図

■半導体の光起電力効果

図 6.10 に示したように，半導体に光を照射するとキャリアが増加するが，それらが半導体（pn 接合を持つ一体となった半導体も含む）内で不均一に分布すれば，そこに電界が発生する（図 5.26 参照）．このような現象を半導体の**光起電力効果**と呼ぶ．その“不均一”が生じる理由によって，**拡散光起電力効果**（デンバー効果），**光電磁効果**（PEM 効果），**pn 接合光起電力効果**があるが，ここでは，応用の重要性を考え，pn 接合光起電力効果について述べる．

まず，図 5.25(a)～(c) に示した pn 接合に伴なうキャリアの動きを図 6.11(a)～(c) に示すエネルギー帯図で見ておこう．両図の (a)～(c) はそれぞれが対応している．図 6.11 の $E_{F(p)}$，$E_{F(n)}$ はそれぞれ p 型半導体，n 型半導体のフェ

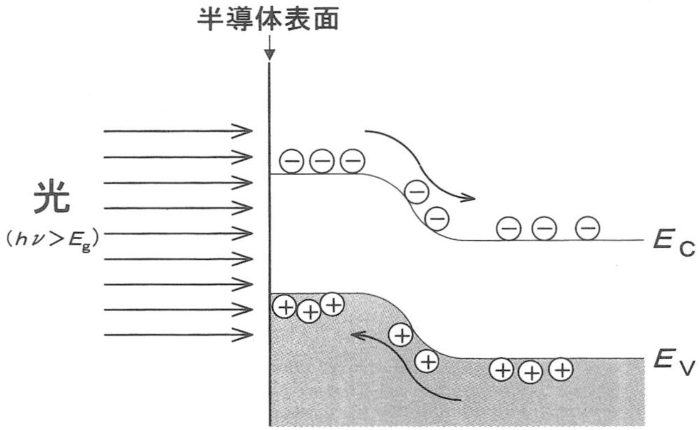

図 6.12　pn 接合光起電力効果

ルミ準位であるが，ここでは深く考えなくてもよい．図 6.11(c)は平衡状態にある pn 接合部のエネルギー準位を示していることになる．

このような状態の pn 接合部に E_g 以上のエネルギーを持つ光（$h\nu > E_g$）が照射された場合のことを図 6.12 で考える．

光照射により，p 型，n 型，空乏層に関係なく，同数の伝導電子と正孔が生じる（図 6.12 には光照射によって生じた伝導電子と正孔のみが描かれ，図 6.11(c)に示される元々存在している伝導電子と正孔は描かれていない）．前述のように，光が強ければ強いほど多数の伝導電子と正孔が生成される．

pn 接合部に生じた電界（図 5.26 参照）のため，伝導電子は n 型領域へ，正孔は p 型領域へと移動する．この結果，図 6.11(c)と併せて考えればわかりやすいが，n 型領域では伝導電子が増え，p 型領域では正孔が増えるので，n 型領域に対して p 型領域が正となるような電位差（起電力）が現われる．この現象が **pn 接合光起電力効果**である．

図 6.12 と図 5.27(a)を比べていただきたい．

pn 接合光起電力効果によって生じるキャリアが移動する方向は，順方向バイアスの場合と逆である．したがって，光電流は pn 接合ダイオードの順方向電流を減少させるようにはたらく．このような性質を利用した光電変換装置が**フォトダイオード**と呼ばれるものである．フォトダイオードに増幅器をつけたトランジスターが**フォトトランジスター**である．光照射によって pn 接合に発生した光電流はエミッターに流れ，トランジスター効果（図 5.30，5.31 参照）により，エミッター電流は最初の光電流の数百倍に増幅される．

■太陽電池

近年，“クリーン・エネルギー”として注目されている太陽光のエネルギーを電気エネルギーに変換するために用いられる**太陽電池**も半導体の光起電力効果を利用したものである．太陽電池は大面積のフォトダイオードと考えればよいが，フォトダイオードでは pn 接合に外部から電圧をかけ直流電気エネルギーを消費するのに対し，太陽電池は直流電気エネルギーを発生させる．太陽電池にはさまざまな半導体材料が使われているが，主要なのはシリコン(Si)である．図 6.13 にシリコン太陽電池の構造と原理の概略を示す．

太陽電池の主要な部分はフォトダイオードと同じように pn 接合を含む p 型，n 型半導体の 2 層である．このほか，太陽光の吸収効率を高めるための反射防止膜や電極（図 6.13 では図示していない）が含まれる．

太陽電池に光（$h\nu$）が照射されると，前述のように，伝導電子と正孔の対が生成され，それぞれ n 型層，p 型層へ移動する（図 6.12 参照）．この結果，p 型層は正に，n 型層は負に帯電し，電流が発生する．

前述のように，太陽電池の主要な材料はシリコン（単結晶，多結晶，アモルファス）であるが，シリコンが多用される理由の一つは，図 6.14（縦軸は相対値）に示すように，地球に届く太陽光の強度の極大波長領域とシリコンの最高

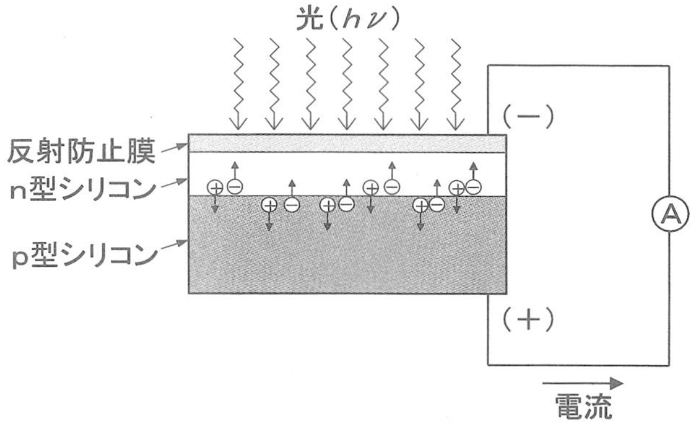

図 6.13 太陽電池の構造と原理

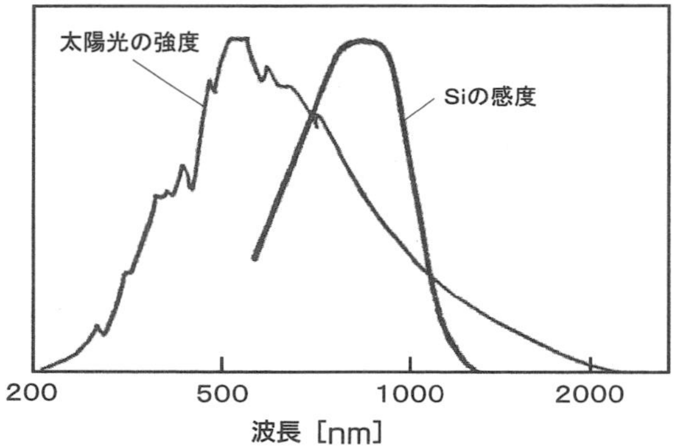

図 6.14　太陽光の強度と Si の感度の波長依存性

感度（最高吸収効率）の波長領域とが近いためである．

地球に到達する太陽光のエネルギーは膨大なものであるが，地表の単位面積当たりに換算すると，最大（晴天時）でせいぜい 1 kW/m² であり，決して大きいものとはいい難い．後述するように，太陽電池の変換効率（入射する光のエネルギーを電気エネルギーに変換する割合）は材料によって異なるが 10～30 %

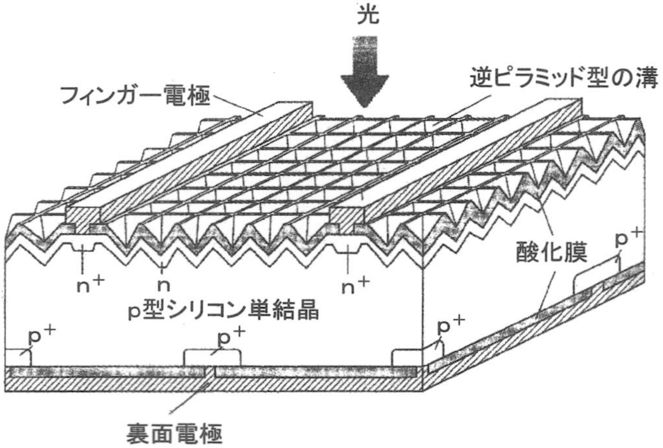

図 6.15　高効率太陽電池の構造．n^+，p^+ はそれぞれドナー，アクセプターを高濃度にドープした領域
（A. Wang, J. Zhao, M.A. Green, *Appl. Phys. Lett.*, **57**, 602, 1990 より）

程度なので，1 m² の面積で，晴天時でも 100〜300 W しか電力が得られないことになる。つまり，実用的な数 kW の電力を得ようとすると広い面積の太陽電池が必要になる。

そこで，単位平面当たりの受光面積をなるべく大きくしようとして，さまざまな表面形状の太陽電池が工夫されている。図 6.15 は，基板にシリコン単結晶を用いて，世界で初めて変換効率 20 %を達成した（1990 年当時）太陽電池の 3 次元構造を示す。

太陽電池の変換効率は半導体材料と電池の構造で決まる。一般的に，エネルギー・ギャップが大きい物質ほど効率が高い。しかし，図 6.14 に示すように，

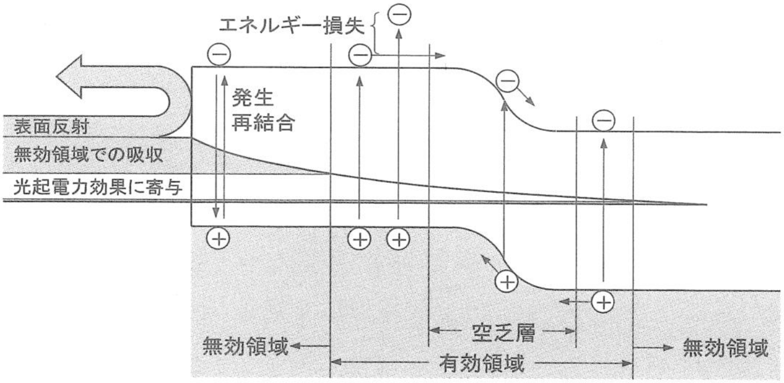

図 6.16 太陽電池のエネルギー変換効率を決める要因
（國岡昭夫，上村喜一『新版 基礎半導体工学』朝倉書店，1996 より）

表 6.4 材料，構造別の太陽電池の理論変換効率

材　料	構　　造	理論変換効率（%）
結晶 Si	逆ピラミッド型	25〜30
	点接触型	25〜30
	V 溝型，中抵抗	25〜30
III-V 化合物	GaAs/GaSb 系	〜34
	GaAs/Si 系	〜35
	AlGaAs/GaAs 系	〜35
	GaAs 単一接合	〜27
	InP 単一接合	〜26
薄　膜	a-Si/$CuInSe_2$ 系	20
	$CuInSe_2$ 系単一接合	17〜18

（a はアモルファス）

太陽光のスペクトル（波長）は広く分布しており，エネルギー・ギャップ（E_g）が大きくなると長波長側の太陽エネルギーを有効利用できなくなる（式(6.5)，(6.7)参照）．したがって，実用上，最適の E_g が存在し，$E_g=1.6$ eV の時に最大効率が得られることが予想されている．

変換効率を決める要因で半導体物質の E_g とともに重要なのは光の吸収係数(吸収効率）である(図 6.14 参照)．吸収係数が大きい物質は，単位体積当たり多量の光を吸収できるので，より薄い膜で太陽電池を作ることができる．ある一つの半導体材料に限れば，太陽電池の変換効率を決める要因は図 6.16 のようにまとめられる．表 6.4 に太陽電池の材料，構造別理論変換効率を示す．

6.2　発　光

6.2.1　ルミネッセンス

■励起と脱励起

多くの無機物質やある種の有機物質は，外部から何らかの形でエネルギーが与えられると，そのエネルギーを一時的に吸収し，そのエネルギーを光の形で外部に放つ性質を持つ．このような現象は広く**発光（ルミネッセンス）**と呼ばれる．発光は，

電子の励起⟶エネルギーの一次的貯蔵⟶エネルギーの放出（脱励起）

の 3 段階で起こる現象である．励起源としては，光，電子線，イオン照射，あるいは加熱，加圧などがあるが，基本的には前節で述べた電子放出の逆の過程と考えればよい．

このように，本来，“ルミネッセンス（発光)”という言葉は，さまざまな励起・脱励起過程に伴なう発光現象を包括するのであるが，一般的には，本項で述べる**螢光**と**燐光**のことをルミネッセンスと呼ぶことが多い．そこで，本節では便宜上，「ルミネッセンス（螢光と燐光)」と「電界発光とレーザー」とを分けて述べることにする．

■螢光と燐光

螢光とは，物質（電子）を外部から励起したり，励起を停止したりした時，

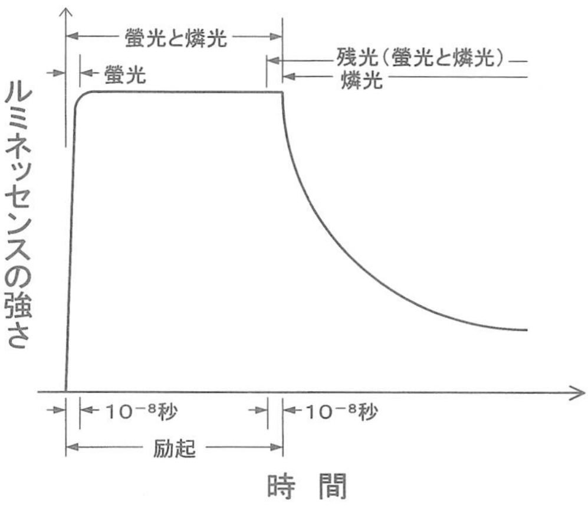

図 6.17　螢光と燐光

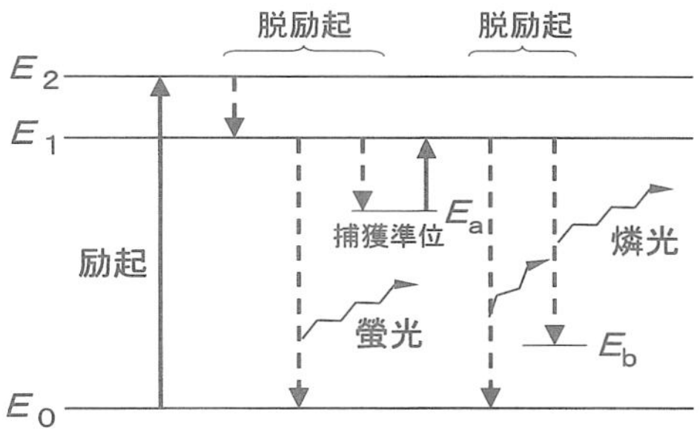

図 6.18　励起と脱励起による螢光と燐光

10^{-8} 秒以内の遅れで発光したり，消えたりする現象，あるいはそのような光のことである．一方，**燐光**は，外部からの励起を停止しても，発光がしばらく続くような現象，あるいはそのような残光のことである．

ルミネッセンス（螢光と燐光）の強さを時間の関数として定性的に表わすと，図 6.17 のようになる．

ここでルミネッセンスのメカニズムについて考えよう．

電子放出のメカニズムをエネルギー帯図（図 6.7，6.10 参照）で考えたように，ここでも図 6.18 のようなエネルギー帯図を用いるのがわかりやすい．

いま，電子が基底状態 E_0 から E_2 へ励起され，そのエネルギーの一部を結晶の格子振動などに使って E_1 という準位に下がったとする．この E_1 から E_0 に落ちる（脱励起する）時に発する光が螢光である．ところが，E_1 から E_0 へ落ち

ずに不純物準位 E_a（図 5.19，5.22 参照）に移ったとする．もし，この準位 E_a が，電子がそれより低い準位に直接移ることを許さない準安定状態の準位（捕獲準位，図 5.12 参照）であれば，電子は螢光の場合のように発光によって基底準位 E_0 に落ちることができない．そこで電子は結晶の格子振動などによってエネルギーをもらって"再励起"して一度 E_1 などの不安定な準位に上がってから E_0 に落ちることになる．この時に発する光が燐光である．また，他に E_b のような捕獲準位があれば，そこに捕獲される場合もあるだろう（螢光の場合も E_b のような捕獲準位は有効である）．いずれにせよ，燐光の場合，励起した電子が基底状態に戻るまでには，螢光の場合と比べ，相当長い時間を要することになる．これが，図 6.17 に示される螢光と燐光の発光時間の違いの理由である．

螢光，燐光いずれの場合も，不純物や格子欠陥に起因する捕獲準位が重要な役割を果たす．このような準位を特に**発光中心**と呼ぶ．

ルミネッセンスを起こす励起が光照射でなされた場合，螢光，燐光の波長が照射光（励起光）の波長よりも長くなることは，式（6.5）および図 6.18 から明らかであろう．これは**ストークスの法則**と呼ばれる．

■螢光灯

われわれにとって，ルミネッセンスを利用した最も身近な電気器具は螢光灯であろう．以下，図 6.19 で螢光灯のしくみを説明する．螢光灯は 2 段階の励起・脱励起過程を経て白色光を発する"電灯"である．

通常の螢光灯は両端に電極を持った円筒型ガラス管でできている．真空にしたガラス管の中には少量の水銀蒸気とアルゴンガスが封入されている．両端の

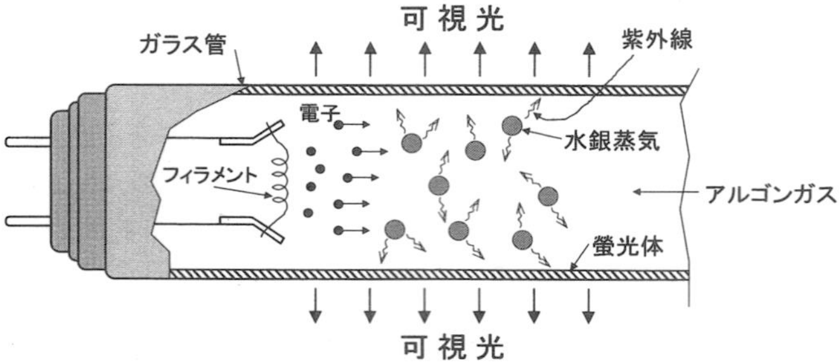

図 6.19　螢光灯のしくみ

電極のフィラメントを加熱すると6.1.1項で述べたように，熱電子が放出（放電）され，交流電界によって高速で振動させられる（ガラス管内に封入されたアルゴンガスは放電しやすくする役目を果たす）．このような高速熱電子が水銀蒸気の原子に衝突すると，水銀原子の電子が励起され，脱励起によって光（電磁波）が放射される（図2.6参照）．水銀のエネルギー準位の間隔は比較的大きいので，式(6.5)で与えられる放出光の振動数 ν は大きくなり，それは主として紫外線の領域である（本シリーズ『したしむ振動と波』など参照）．これが第1段階の励起・脱励起過程である．

紫外線は不可視光なので“灯”にするためには，この紫外線を可視光に変換しなければならない．ここで登場するのが“螢光”という現象であり，それを行なうのがガラス管の内壁に塗布された**螢光体**と総称される物質である（図では螢光体の厚さが誇張されて描かれている）．螢光体（$CaWO_4$，ZnSなどの固体粉末）の電子は紫外線を吸収して励起し，図6.18に示すメカニズムによって多くの低振動数の光を放射し（これが第2段階の励起・脱励起過程である），それらが合わさって白色光が発せられるのである．ガラス管の内壁に塗布する螢光体（物質や組成）を変えることによって，発する光の色を変えられるのは容易に想像できるだろう．

螢光灯の発光色を変えるには，一般的に，螢光体に**活性化剤**と呼ばれる物質を入れる．図6.20は，ZnS（螢光体）に入れられる活性化剤と発光スペクトルを示すものである．このような活性化剤による発光をエネルギー帯図で模式的

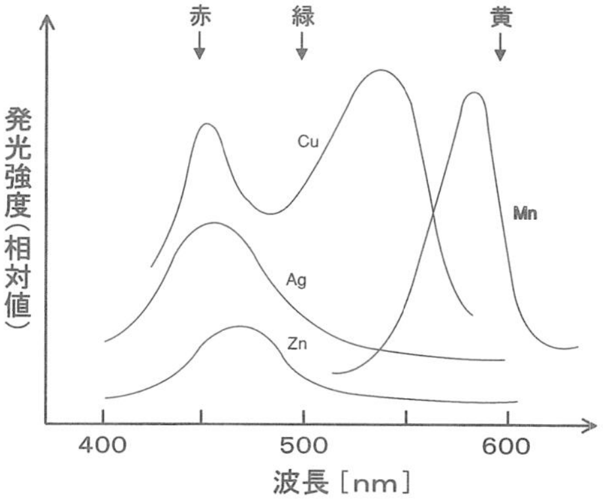

図 6.20 ZnS（螢光体）の活性化剤と発光スペクトル
(H.W. Leverenz “*Introduction to Luminescence in Solids*” John Wiley & Sons, 1950より)

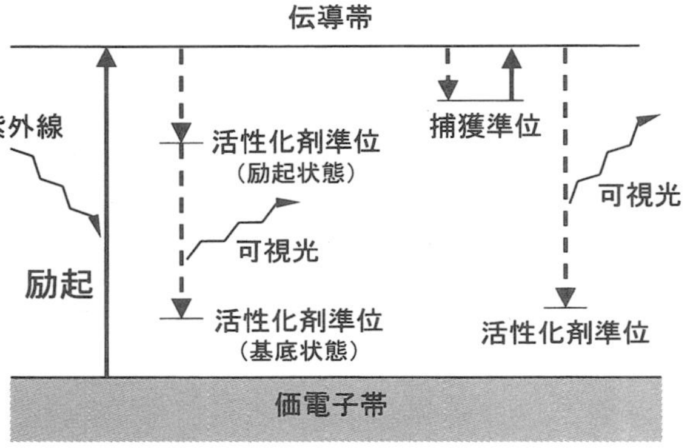

図 6.21　活性化剤準位による発光

に示すのが図 6.21 である．**活性化剤準位**は発光中心であり，図 6.18 では E_b に相当する．

6.2.2　電界発光とレーザー

■電界発光

ZnS，ZnSe，CdS などの発光体の薄膜や粉末を有機物中に分散させた**発光層**を電極で挟んで高電界（10^4V/cm 程度）をかけると発光する．このような発光現象を**電界発光**，略して **EL**（electroluminescence）と呼ぶ．この現象は，EL 素子としてディスプレイなどに応用されているが，その基本構造を図 6.22 に示す．

EL のメカニズムは，基本的には図 6.21 に示されるものと同じである．図 6.21

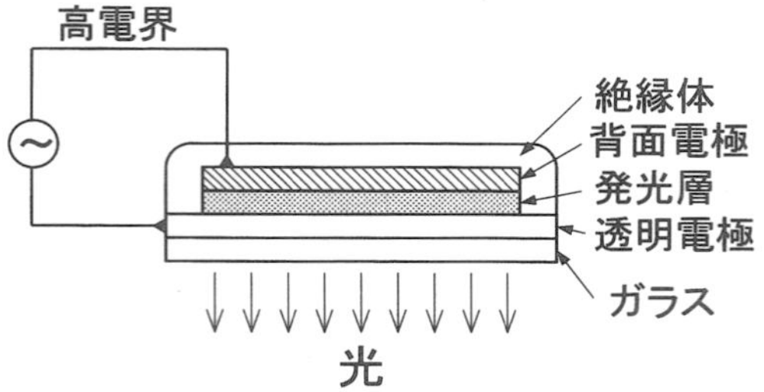

図 6.22　電界発光（EL）素子の基本構造

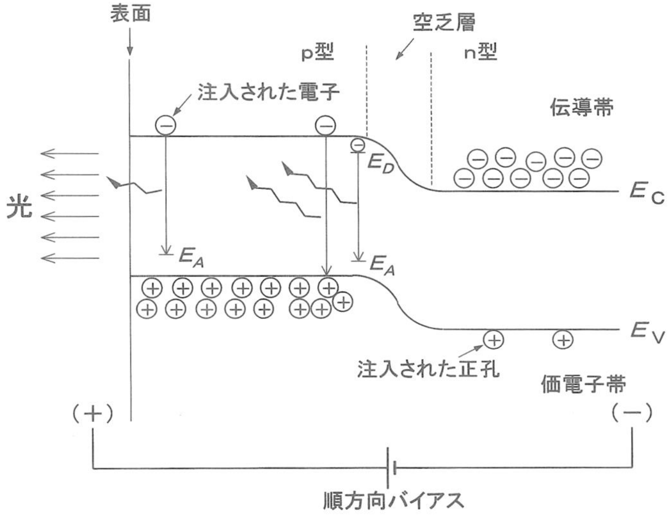

図 6.23　注入型電界発光

は螢光灯の場合の紫外線による励起を示したものだが，EL の場合の励起源は上述のように高電界である．

■注入型電界発光

図 6.23 に示すように，半導体の pn 接合に順方向バイアスをかけて（図 5.27(a) 参照），少数キャリアを注入すると，半導体材料，具体的には，そのエネルギー帯構造によっては，それらが再結合（図 5.12 参照）する時に発光する（図 6.23 では注入された電子の再結合のみが描かれている）．この現象を**注入型電界発光**（injection luminescence）と呼ぶ．これが，現在，大型画面，道路表示など多方面にディスプレイ用に使われている**発光ダイオード**（LED；light emitting diode）の原理である．

順方向バイアスによって注入された少数キャリアが再結合する時に発光するか，しないかは半導体材料のエネルギー帯構造と深い関係がある．

半導体のエネルギー帯構造には，**直接遷移型**と**間接遷移型**の 2 種類がある．これらについて簡単に説明する．図 6.24(a) に示すように，直接遷移型では電子の価電子帯（充満帯）のエネルギー E の極大と伝導帯の E の極小の**波数**が一致している（“波数”については，巻末に掲げる参考文献 4) や 7) などを参照していただきたい)．このようなエネルギー帯構造を持つ半導体は**直接遷移型半導体**と呼ばれ，GaAs, InP, Ga-As-Sb 三元系などの化合物半導体がこれに属する．

一方，間接遷移型では，図 6.24(b)に示すように，両者の波数が一致しない．このようなエネルギー帯構造の半導体は**間接遷移型半導体**と呼ばれ，元素半導

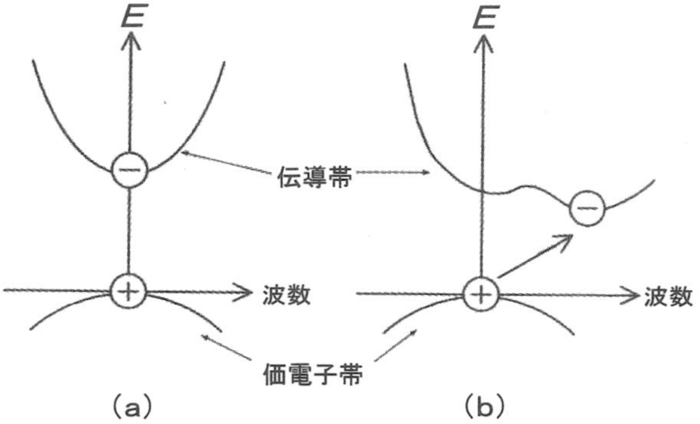

図 6.24　半導体のエネルギー帯構造．(a)直接遷移型，(b)間接遷移型

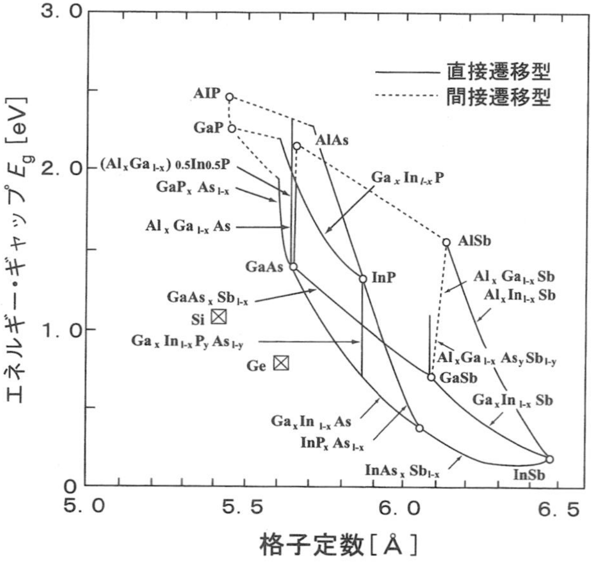

図 6.25　各種III-IV族化合物半導体の格子定数とエネルギー・ギャップ
(米津宏雄『光通信素子工学』工学図書，1986 より)

体の Si, Ge, また化合物半導体の GaP, Ga-Al-As 三元系などがこれに属する.

直接遷移型においては，吸収するエネルギーが電子の励起（遷移）に直接使われるので発光効率がよいが，間接遷移型においては，そのエネルギーの一部が格子振動に使われてしまうので発光効率が悪い．また，直接遷移型半導体は光を吸収しやすいが，間接遷移型半導体は光を吸収しにくいという特徴を持つ.

以上のように，発光ダイオード用材料として用いられるのは，もっぱら直接遷移型半導体で，結晶成長が比較的簡単なことなどから最初に注目されたのは代表的化合物半導体である GaAs だった．GaAs は高い発光効率を持つのであるが，図 5.8 に示されるように，室温でのエネルギー・ギャップ E_g が 1.42 eV であるため，発光波長が不可視の赤外線領域になり，応用分野に一定の限界がある．そこで，現在では，図 6.25 に示すようなさまざまな混晶系の直接遷移型が考えられ，E_g が大きい GaAsP や GaAlAs などが実用化されている．また，GaP は間接遷移型半導体であるが，特殊なドーピング効果によって，可視域の発光が可能になっている．表 6.5 に，さまざまな発光ダイオードの材料と発光

表 6.5　さまざまな発光ダイオードの材料と発光色・発光波長

材料		発光色	発光波長 [nm]
表面層	基板		
GaP(Zn, O)	GaP	赤	700
$Ga_{0.65}Al_{0.35}As$	GaAs	赤	660
$Ga_{0.65}Al_{0.35}As$	GaAlAs	赤	660
$GaAs_{0.6}P_{0.4}$	GaAs	赤	650
$GaAs_{0.35}P_{0.65}$(N)	GaP	橙	630
$GaAs_{0.15}P_{0.85}$(N)	GaP	黄	590
GaP(N)	GaP	黄	590
GaP(N)	GaP	黄緑	565
GaP	GaP	緑	555
GaN	Al_2O_3	青	490
SiC	SiC	青	480
GaAs(Si)	GaAs	赤外	940
GaAs(Zn)	GaAs	赤外	900
$Ga_{0.65}Al_{0.35}As$(Si)	GaAs	赤外	880
$Ga_{0.97}Al_{0.03}As$	GaAs	赤外	850
$I_{0.76}Ga_{0.24}As_{0.55}P_{0.45}$	InP	赤外	1300

（日本材料学会編『先端材料の基礎知識』オーム社，1991 より）

色・発光波長を示す．図 6.25 に示されるエネルギー・ギャップと発光波長との関係を理解していただきたい．

■**自然放出と誘導放出**

いままで繰り返し述べてきたように，発光現象は，何らかのエネルギーによって励起された電子が基底状態に落ちる時に起こるものである．励起源を光とした場合について，図 6.26(a)で復習してみよう．

一般的に，電子の基底状態のエネルギー準位を E_0，励起状態のエネルギー準位を E_1 とする（$E_1 > E_0$）．励起状態は非常に不安定なので（人間の場合も同様であろう），何かきっかけがあれば，電子は安定な基底状態に戻ろうとする．この脱励起の時，ほぼ $E_1 - E_0$ に相当するエネルギーの光を放出する．このような光の放出の仕方は**自然放出**と呼ばれ，このような光を**自然放出光**という．自然放出光は互いに異なる発光中心から放出されるし，放出される時間も異なるので互いに独立しており，それらの光（の波）の位相は不揃い（ランダム）である（“位相”については，本シリーズ『したしむ振動と波』などを参照していただきたい）．このような位相が不揃いの光を**インコヒーレント**（incoherent）な光と呼ぶ．

図 6.26(b)に示すように，自然放出光を励起状態にある残りの電子に照射すると，これが刺激になって電子はすぐに基底状態に戻る．このような刺激を与える光を**誘導光**と呼ぶ．この誘導光によって光が放出される現象を**誘導放出**と呼び，誘導放出によって放出される光を**誘導放出光**と呼ぶ．ここで重要なこと

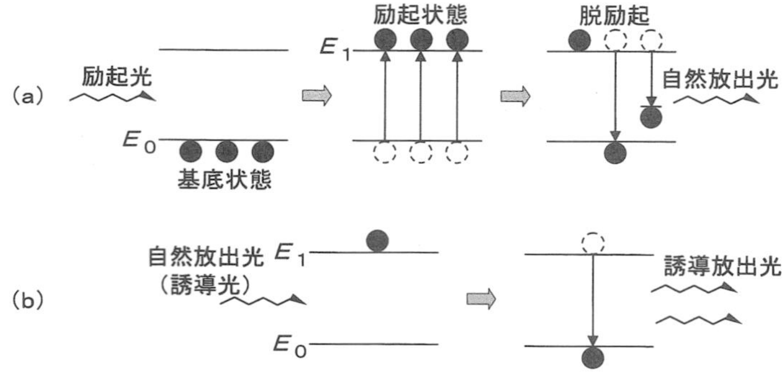

図 6.26　自然放出(a)と誘導放出(b)

は，誘導放出光と誘導光との位相が揃っていることである．このように，位相が揃った光を**コヒーレント**(coherent)な光と呼ぶ．なお，この場合の“coherent”は“可干渉性の”という意味である．

■**レーザー**

前項で述べた誘導放出光が次々に励起電子を刺激して基底状態に戻して誘導放出光を増強していくのが光の増幅現象で，この結果，波長，位相が揃った強い光を得ることができる．このような発光現象が「放射の刺激放出による光の増幅」で，その英語“light amplification by stimulated emission of radiation”の頭文字をとって作られた言葉が**レーザー**（laser）である．そして，レーザーによって発光される光が**レーザー光**である．

大切なことは，誘導放出を繰り返しているうちに，レーザー光の波長，位相がきれいに揃うことである．つまり，レーザー光は単波長の，位相がそろった，

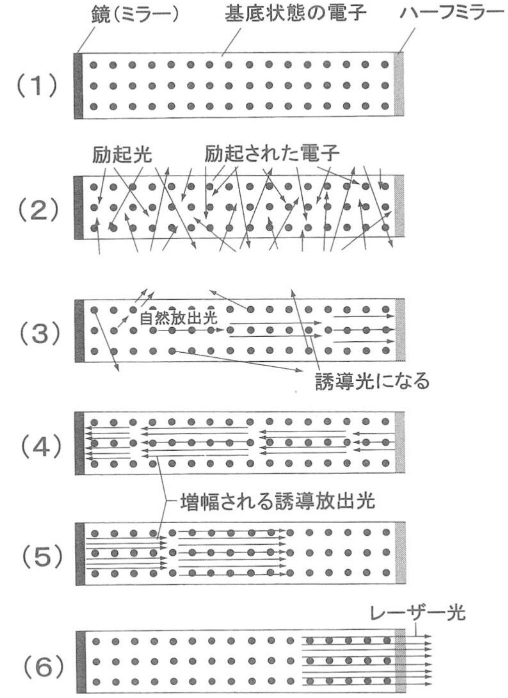

図 6.27　レーザー光発生のプロセス（ミャウロウ他『レーザーとメーザー』講談社，1963 より）

強いコヒーレントな光ということになる。このような特徴を持つレーザー光は，後述するように，極めて広範囲な分野に応用されている。

図6.27で，レーザー光発生のしくみを詳しく見てみよう。

レーザー光を発生させる物質（**レーザー媒質**と呼ぶ）の両端には反射鏡がつけられている。一方の鏡は普通の反射鏡であるが，他方の鏡はハーフミラーと呼ばれ，ある一定強度以上の光のみ通過（他は反射）させるように，表面に特殊な膜がコーティングされている。

基底状態にある電子(1)に励起光を照射すると，電子は励起され(2)，自然放出光を出す(3)。レーザー媒質に平行な自然放出光は媒質内で反射を繰り返して誘導光になるが，他の方向の光は媒質外に出ていく。媒質に平行な誘導光が媒質内で反射を繰り返し，誘導放出光が増幅される(4)，(5)。増幅が十分に大きくなると，誘導放出光はハーフミラーを通過して外へ出る(6)。これがレーザー光である。

レーザーは，上述のように発光現象を指す言葉であるが，今日，一般に“レーザー”といえば，発光ダイオード（LED）のような発光素子と共振器を組み合わせて誘導放出光を得るための装置を意味することが多い。

■さまざまなレーザー

レーザー媒質には He-Ne，CO_2 のような気体（気体レーザー），色素溶液のような液体（液体レーザー），ルビーなどの結晶やガラスのような固体（固体レーザー），化合物半導体（半導体レーザー）がある。半導体も固体ではあるが，他の固体レーザーとは励起のしくみがまったく異なっているので，レーザーの分類上，別枠に扱われている。

表6.6に示すように，現在まで多くのレーザーが開発，実用化されているが，光通信やコンパクトディスク(CD)，レーザーディスクなどに応用される半導体レーザーの重要性が高まっている。以下，固体レーザーと半導体レーザーについて説明する。

■固体レーザー

固体レーザーはレーザー媒質の結晶あるいはガラス中に含まれる**能動イオン**の働きによるものである。能動イオンは光を吸収することによって，エネルギーの低い状態から高い状態へと大量に励起する。このような現象(そして操作)

表 6.6　主なレーザーと応用分野

種類	気体レーザー			固体レーザー			
	He-Ne レーザー	アルゴン・ レーザー	CO_2 レーザー	ルビー・ レーザー	ガラス・ レーザー	YAG レーザー	半導体 レーザー
主な波長	633nm(赤) 1150nm(赤外)	458nm(青) 515nm(緑) 他に数本	1060nm (赤外)	694nm(赤)	1060nm (赤外)	1060nm (赤外) 530nm(緑)	800～ 1500nm
特長	・安定な連続出力 ・小出力 ・扱い簡単	・安定な連続出力 ・比較的大出力 ・優れた可干渉性	・高能率 ・大出力 ・パルス発振可	・高出力パルス ・Qスイッチ可	・高出力パルス ・Qスイッチ可	・連続またはパルス ・Qスイッチ可 ・コンパクト	・高能率 ・小型
応用分野							
土木測量	照準器 けがき			測距			測距
計　　測	分光分析 精密測長 流速計 欠陥検出 平面度測定 ホログラフィー	ラマン分光 流速計 ホログラフィー	流速計 大気汚染監視	非線形光学計測 ホログラフィー		レーザーレーダー	
情報処理	FAX OCR プリンター POS ビデオディスク 光メモリー	光メモリー プリンター 記録					OCR プリンター 光メモリー ビデオディスク CD
通　　信	空中伝搬通信	水中通信					光ケーブル通信
医　　用	眼底検査 血液検査	コアギュレーター 皮膚治療	レーザーメス	コアギュレーター ホログラフィー診断		レーザーメス	
エネルギー			核融合	プラズマ計測	核融合		
加　　工		ICマスク加工 レーザー製版 ディスク原盤作成	切断・穴あけ 溶接・熱処理 セラミック加工 レーザー製版 彫刻	穴あけ	穴あけ 溶接	スクライビング トリミング マスク修正 溶接・穴あけ マーキング	
そ の 他	ディスプレイ	ディスプレイ					レーザーライフル

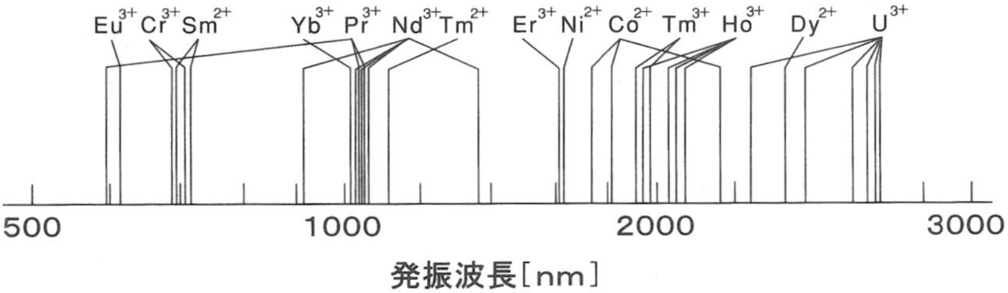

図 6.28 固体レーザーの能動イオンと発振波長

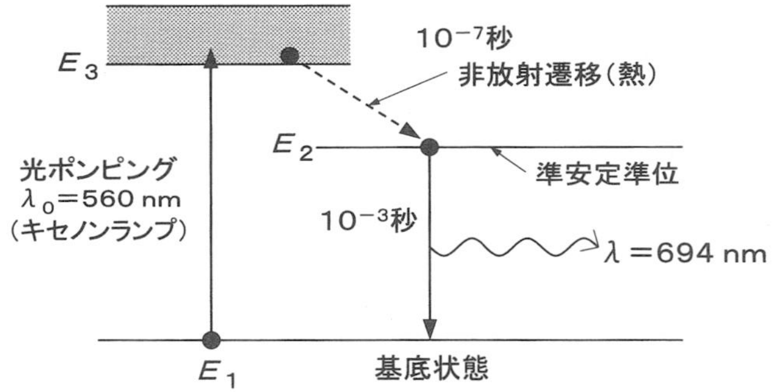

図 6.29 ルビー・レーザーによる発振

を**光ポンピング**と呼ぶ．能動イオンのはたらきと式 (6.5) を考えれば，レーザー光の波長 (**発振波長**) が，図 6.28 に示すように，能動イオンの種類に依存することは容易に理解できるだろう．

ルビー・レーザーを例に，固体レーザーの発振のしくみを説明する．

ルビーは Al_2O_3 の母相中に能動イオンとして Cr^{3+} が含まれた結晶で，Al^{3+} イオンの一部が Cr^{3+} イオンで置換された構造を持つ．図 6.29 に Cr^{3+} イオンのエネルギー準位を示す．キセノンランプの $\lambda_0=560$ nm を中心とする光でポンピングを行うと，Cr^{3+} イオンが基底準位 E_1 から吸収帯 E_3 へ励起される．この準位に留まれる時間（寿命）は 10^{-7} 秒と短く，イオンは熱として E_3-E_2 のエネルギーを失ない (**非放射遷移**)，E_2 の準位に落ちる．E_2 は準安定準位で寿命は 10^{-3} 秒で，E_3 の寿命と比べれば 10^4 倍も長い．このため，光ポンピングが進むにつれて E_2 の準位にある Cr^{3+} イオンの数が増し，$E_2\to E_1$ の誘導放出（レーザー光発振）が起こる．この時の発振波長は 694 nm である．

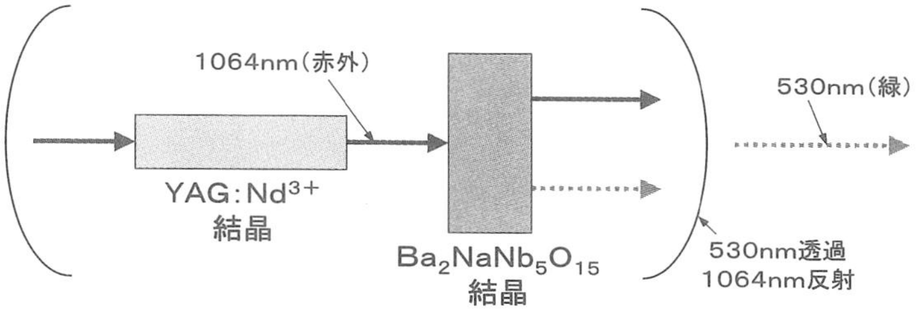

図 6.30　YAG：Nd^{3+} レーザーの第 2 高調波の緑色レーザー光

ルビー・レーザーはレーザーの端緒となった歴史的な固体レーザーであるが，現在，最も代表的な固体レーザーは母材結晶として $Y_3Al_3O_{12}$（イットリウム・アルミニウム・ガーネット；YAG）を用い，Nd^{3+} を能動イオンとして添加した YAG：Nd^{3+} レーザーである．Nd^{3+} は，この YAG（日本では一般に「ヤグ」と呼ばれる）のほかにも多くの母材に添加され，固体レーザーの発光の中心になっている．その理由の一つは，励起エネルギーの**しきい値**が他のイオンに比べて非常に低いことである．

YAG 結晶は機械的にも熱的にも強く，また光学的に等方性で，Nd^{3+} イオンの母材として最も適している．その YAG 結晶を母材とする YAG：Nd^{3+} レーザーは極めて優れた固体レーザーで，発振の多くは赤外領域で起こる．そのうち，室温で最も顕著なものは波長 1064 nm のもので，その発振波長幅は非常に狭い（発振が非常に鋭い）．また，YAG：Nd^{3+} レーザーの特長の一つは発振出力が大きく，効率が高いことで，ポンピングには通常のタングステン・ヨードランプが用いられる．

発振波長が赤外であることは，目的と用途によっては都合が悪いが，出力が大きいので，その高調波（基本波の整数倍の振動数成分）を使って可視光を得ることもできる．例えば，図 6.30 のように，発振した 1064 nm の赤外光を $Ba_2NaNb_5O_{15}$（バリウム・ナトリウム・ニオベート；BNN）単結晶を通し，第 2 高調波の 530 nm（緑色光）の連続発振を得る．

■半導体レーザー

半導体をレーザー媒質に用いた**半導体レーザー**は，原理的には図 6.23 に示した発光ダイオードと同じく，pn 接合に少数キャリアを注入して発光させるもの

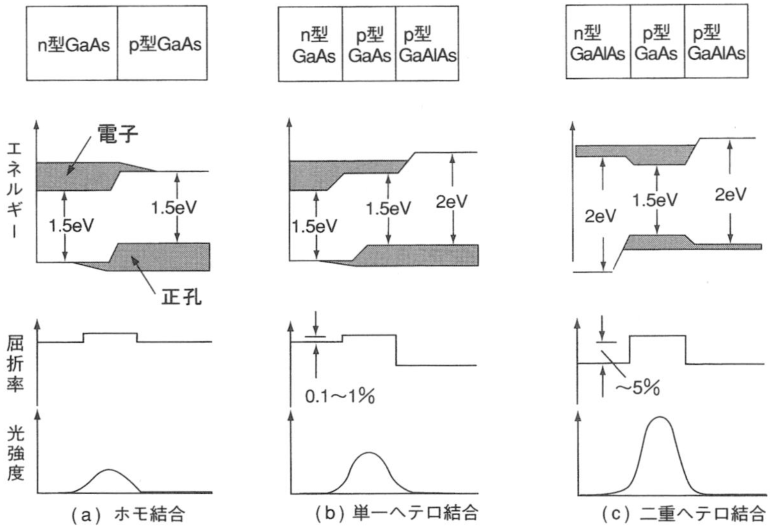

図 6.31　GaAs 系半導体レーザーの構造
（古川静二郎，松村正清『電子デバイス（II）』昭晃堂，1980 より）

であり，他のレーザーと同様，発光ダイオードに共振器が設けられている．

しかし，半導体レーザーは他のレーザーと比べ，励起状態の密度が非常に高く，小さな活性領域から多量のレーザー光が放出され，輝度が高く，効率もよい，という特徴を持つ．

現在実用化されている主な半導体レーザーは，GaAs 系，InP 系（図 6.25 参照）の化合物半導体材料のものである．GaAs 系半導体レーザーの主要部の構造の例を図 6.31 に示す．

図 6.31(a) は GaAs の単純な pn 接合から成る．このように，同種の結晶の接合を**ホモ接合**と呼ぶ（いままでに述べた Si の pn 接合はすべてホモ接合である）．この場合，励起された自由電子のかなりの量が p 型側の電極に流れてしまい，発光に寄与できない．つまり，発光効率が悪い．

そこで(b)のように，右側の p 型 GaAs にエネルギー・ギャップが大きい化合物半導体，例えば GaAlAs を接合する．このような異種結晶間の接合を**ヘテロ接合**と呼ぶ．(b)の場合，ヘテロ接合が一つなので**単一ヘテロ接合**と呼ばれる．このようなヘテロ接合によって作られる“エネルギーの壁”は，励起された自由電子の流出を防ぎレーザー媒質（GaAs）内に閉じ込める役割を果たすので，発光の強度も効率も著しく向上する．

さらに(c)のように，n型GaAsの替りにn型GaAlAsを接合し，屈折率の段差を大きくすると，発光の強度と効率が一層向上する．このような接合を二重(ダブル)ヘテロ接合と呼ぶ．この二重ヘテロ接合の発明は，半導体レーザーの光通信をはじめとする広範な分野への応用を可能にした画期的なものである．

チョット休憩● 6
レーザー秘話

今日“偉大な発明”と呼ばれているものでも，他の研究の“副産物”として偶然に生まれたものは少なくない．例えば，“電子レンジ”はレーダーの研究の副産物であった．同じくレーダーの研究の副産物として生まれ，私にはトランジスターと並ぶ20世紀最大の発明と思われるものが本章で述べたレーザーである．

レーザーの研究は1950年代後半から1960年代初めにかけて急激に開花した．1951年，アメリカのコロンビア大学のタウンズ（1915−）と旧ソ連のレベデフ研究所のバゾフ（1922−），プロホロフ（1916−）がほぼ同時期に独立してメーザー（maser；<u>m</u>icrowave <u>a</u>mplification by <u>s</u>timulated <u>e</u>mission of <u>r</u>adiation）の着想を得て，それぞれ1954年，1955年にメーザーの発振に成功した．この3人は「メーザー，レーザーの発明および量子エレクトロニクスの基礎的研究」で1964年のノーベル物理学賞を受けることになる．

ところで，このレーザーについては実に不可解，そして不愉快な特許問題（ゴードン・グールドという男が，どう考えてもミスとしか思えない特許裁判で，1987年にレーザーの「特許権者」になってしまう）があるのだが（詳細は拙著『ハイテク国家・日本の「知的」選択』講談社，1993参照），それはさておき，この“レーザー（laser）”の命名については面白い“秘話”がある．その命名者は上記のタウンズであるが，私はその“御本人”から，実に興味深い手紙をいただいたことがある．それは，上述の「特許問題」についてタウンズ教授に手紙で問い合わせた時の返事としていただいたものである．以下に，そのコピーを示すので，英語の勉強を兼ねて読んでみて欲しい．これは，私にとっては宝のような，貴重な手紙なのである．

UNIVERSITY OF CALIFORNIA, BERKELEY

BERKELEY • DAVIS • IRVINE • LOS ANGELES • RIVERSIDE • SAN DIEGO • SAN FRANCISCO　　SANTA BARBARA • SANTA CRUZ

DEPARTMENT OF PHYSICS
TEL: 510/642-7166
FAX: 510/643-8497

BERKELEY, CALIFORNIA 94720

October 7, 1992

Professor Fumio Shimura
North Carolina State University
College of Engineering
Burlington Laboratories
Box 7916
Raleigh, NC 27695-7916

Dear Professor Shimura,

In response to your letter of September 29, I am glad to provide some additional information about the history of laser.

The original idea of Schawlow and myself in calling an optical oscillator an "optical maser" was that the maser was the basic device, which could be adapted to a wide variety of wavelengths so that there might be x-ray masers, visible masers, and infrared masers, as well as microwave masers. However, the form "laser" is much shorter and hence appealed to common usage after the device became commonplace. I have on occasion even seen "microwave lasers" referred to. The word "maser" was invented at lunch with my students. Later, my students and postdoctoral research associates played with a variety of ideas, partly in a joking fashion, including the word "laser," "iraser," (for infrared), and "gazer" (for gamma ray). Laser was first used in our research group somewhat casually and informally. The first written record of the use of laser is, however, in Gould's notebook, and he consistently used this term. It is quite possible that he got it from one of my students. However, I am not sure of that.

The name Jack Gould does seem to be a curious coincidence. However, as far as I know, Jack Gould is no relative of Gordon Gould. He was apparently a notary public in a candy store and Gordon Gould used him to sign as a witness.

Best wishes for your work and the success of your book.

Sincerely,

Charles H. Townes

CHT/nlp

■演習問題

6.1　金属の仕事関数について簡単に説明せよ．

6.2　光は粒子性と波動性の二重性を持つといわれるが，それぞれの絶対的証拠は何か．

6.3　真空管の基本原理は何か．

6.4　一次電子の運動エネルギーに対し，二次電子放出効率がある極大値を持つ理由を説明せよ．

6.5　光電効果の重要な実験事実を述べ，それぞれの事実の理由を説明せよ．

6.6　発光ダイオード，太陽電池の原理を説明せよ．

6.7　螢光灯の原理を説明せよ．

6.8　レーザーの原理を説明せよ．

6.9　半導体レーザーの他のレーザーに比べた時の優位性を簡潔に述べよ．

6.10　GaAsの室温におけるエネルギー・ギャップ E_g は 1.42 eV である．GaAsで作られた発光ダイオードから発せられる光の波長を求めよ．エネルギーの損失は考えない．なお，1 [eV]$=1.6\times10^{-19}$ [J]，$h=6.6\times10^{-34}$ [J・s] とする．

6.11　発光ダイオードで青色($\lambda=480$ nm)の光を得るためには，E_g がどれだけの半導体材料を用いればよいか．なお，エネルギーの損失は考えない．

演習問題の解答

■第1章

1.1　省略（本文参照）．

1.2　省略（本文参照）．

1.3　省略（本文参照）．

■第2章

2.1　省略（本文および図2.4参照）．

2.2　省略（本文参照）．

2.3　アインシュタインの光子説と，それを支持する実験事実によって，光（電磁波）は波動性と粒子性を合わせ持つことが明らかになったが，ド・ブロイは，逆に，電磁波が波動性と粒子性を合わせ持つのなら，それまで荷電粒子として扱われてきた電子も波動性を持つのではないかと考えた．これは，ボーアの理論を飛躍的に発展させ，量子力学の成立をもたらす画期的な発想といえるだろう．

2.4　省略（本文参照）．

2.5　省略（本文参照）．

2.6　省略（本文参照）．

2.7　省略（本文参照）．

2.8　省略（本文参照）．

2.9　省略（本文および図2.28，2.29参照）．

2.10　本文で述べたように，N個の原子から成る分子内の電子のエネルギー準位はN個に分裂する．図2.29に示す2個に分裂したエネルギー準位を表わす2本の線の間に98本の線を書き入れてみる（計100本の線で100個に分裂したエネルギーを表わすことになる）．どれだけ細いペンを使っても1本1本の線を識別するのは不可能であり，それは“帯（バンド）状”になるであろう．結晶の場合，無限個ともいえる数の原子が結合しているのであるから，エネルギー準位が“帯（バンド）状”になることは容易に理解できるだろう．

■第3章

3.1　電荷が一定方向に移動すること．

3.2　“電気の運び屋”であるキャリアが存在しないからである．

3.3　省略（本文参照）．

3.4　省略（本文参照）．

3.5　省略（本文参照）．

3.6 省略（図 3.11 およびその説明参照）.

3.7 省略（図 3.7 およびその説明参照）.

3.8 省略（図 2.31，図 3.10 およびその説明参照）.

3.9 省略（図 3.12 およびその説明参照）.

3.10 省略（図 3.13 およびその参照）.

3.11 省略（本文参照）.

3.12 省略（図 3.18，3.19 およびその説明参照）.

3.13 例えば，“クーパー対の形成” と “クーパー対の隊列行進”.

3.14 1986 年，IBM チューリッヒ研究所のミュラーとベドノルツによって，それまでの T_c を飛躍的に超える（$T_c > 40$K）“高温” 超伝導体が発見されたことと，それが一般的には絶縁体と考えられていた酸化物（セラミックス）であったことによる.

3.15 未だ明瞭には理解されていないが，それらがペロブスカイト構造を 3 層重ねた変形構造になっていること，また Cu 原子と O 原子が平面的に並んだ層構造を形成していることが重要な役割を果しているのではないかと考えられている．いずれにせよ，そのメカニズムの解明者にはノーベル物理学賞が与えられると思うので，特に若い人には挑戦していただきたい.

■第 4 章

4.1 省略（本文参照）.

4.2 省略（本文参照）.

4.3 省略（図 4.9 参照）.

4.4 省略（本文参照）.

4.5 省略（図 4.18，4.19 参照）.

■第 5 章

5.1 省略（本文参照）.

5.2 省略（本文参照）.

5.3 大切なことは，まず，全電流には電子と正孔による寄与（両極性伝導）があること，そして，それぞれにはドリフト電流と拡散電流が寄与することである．式の導出については本文参照.

5.4 真性キャリア密度 N_i は，式（5.24）に示されるように

$$N_i \propto \frac{1}{\exp(E_g/2kT)}$$

である．したがって，E_g が小さくなるほど，温度 T が高くなるほど N_i は大きくなる．E_g も温度に依存し，図 5.8 に示されるように温度が高くなるほど小さくなる．結果的に N_i の温度依存性は図 5.9 に示されるようになる.

5.5 図 5.10，5.11 の説明をよく読むこと．金属の自由電子の許容帯のフェルミ分布の場合と異なり，半導体の真性キャリアの禁制帯内の分布は，あくまでも数学的な

架空の分布を示すものであることを理解していただきたい．

5.6　省略（図 5.16，本文参照）．

5.7　基本的にはドナー原子の原子核（陽子）によるクーロン力による拘束が共有結合による拘束と比べれば極めて弱いために“ほぼ自由”なのであるが，その詳細については，図 5.17，5.18 を参照のこと．

5.8　省略（図 5.22，本文参照）．

5.9　省略（図 5.23，5.24，本文参照）．

5.10　省略（図 5.25，5.26，本文参照）．

5.11　省略（図 5.33，本文参照）．

5.12　本文でバイポーラー・トランジスターの動作原理について説明したが，pnp 型トランジスターの場合，ベース内に流れ込んだ正孔はベース内を拡散現象によって移動し，コレクター接合部に向かう．n 型であるベース内には多数キャリアである自由電子がたくさん存在するので，流れ込んだ正孔の中には自由電子と結合（再結合）して消滅するものも少なくない（図 5.12 参照）．ベースの幅が厚いほど，つまり，正孔がコレクターに到達するまでの拡散移動距離が長いほど，消滅する正孔の数も増える．そのために，ベースの幅を極力薄くしなければならないのである．

■第 6 章

6.1　フェルミ準位にある電子を金属外部（真空中）に取り出すのに必要なエネルギー（仕事）．図 6.1 参照．

6.2　光電効果が粒子性の，干渉が波動性の絶対的証拠である．

6.3　金属を高温にすると熱電子を放出するということ．

6.4　省略（本文，図 6.4 参照）．

6.5　省略（本文参照）．

6.6　省略（本文，図 6.12，6.13 参照）．

6.7　省略（本文，図 6.19 参照）．

6.8　省略（本文，図 6.26，6.27 参照）．

6.9　小型，輝度（発光強度），発光効率が大きいこと．

6.10　$1\mathrm{eV}=1.6\times10^{-19}\mathrm{J}$ だから

$$1.42\,[\mathrm{eV}]=2.27\times10^{-19}\,[\mathrm{J}]\ (=E_{\mathrm{g}})$$

$E=h\nu$，$\lambda=\mathrm{c}/\nu$ より

$$\lambda=\frac{c}{\nu}=\frac{hc}{E_{\mathrm{g}}}=\frac{(6.6\times10^{-34}\,[\mathrm{J\cdot s}])\cdot(3.0\times10^{8}\,[\mathrm{m/s}])}{2.27\times10^{-19}\,[\mathrm{J}]}$$
$$=8.72\times10^{-7}\,[\mathrm{m}]=872\,[\mathrm{nm}]$$

6.11　上記の式を逆に考え

$$E_{\mathrm{g}}=\frac{hc}{\lambda}=\frac{(6.6\times10^{-34}\,[\mathrm{J\cdot s}])\cdot(3.0\times10^{8}\,[\mathrm{m/s}])}{4.80\times10^{-7}\,[\mathrm{m}]}$$
$$=4.13\times10^{-19}\,[\mathrm{J}]=2.58\,[\mathrm{eV}]$$

参考図書

本書は専門書ではないので，本文中，直接引用した図や写真を除いて個々の引用文献，引用書を示さなかった．しかし，本書の執筆に当たっては多くの専門書，教科書を参考にさせていただいた．特に参考にさせていただいた書籍を拙著を含み以下に発行年順で記す．この場を借りて，各書の著者，発行者の方々に対し，心からの感謝の気持ちを申し述べさせていただく．

1) R.M. Rose, L.A. Shepard, J. Wulff "*The Structure and Properties of Materials*, Vol. Ⅳ *Electronic Properties*" (John Wiley & Sons, 1966)（永宮健夫監訳『材料科学入門Ⅳ 電子物性』（岩波書店，1968））
2) 青木昌治『基礎工業物理講座 6 応用物性論』（朝倉書店，1969）
3) 黒沢達美『基礎物理学選書 9 物性論』（裳華房，1970）
4) 岸野正剛『半導体デバイスの基礎』（オーム社，1985）
5) 國岡昭夫，上村喜一『新版 基礎半導体工学』（朝倉書店，1996）
6) 志村史夫『材料科学工学概論』（丸善，1997）
7) 志村史夫『固体電子論入門—半導体物理の基礎—』（丸善，1998）

さらに，本書で述べた内容を気軽に楽しみたい読者には以下の書籍をお勧めする．

8) J. ヘクト，D. テレシー『レーザーの世界』（講談社ブルーバックス，1983）
9) 室岡義広『わが輩は電子である』（講談社ブルーバックス，1985）
10) R. P. ファインマン『光と物質のふしぎな理論』（岩波書店，1987）
11) 橋本　尚『10 歳からの超電導』（講談社ブルーバックス，1988）
12) 後藤尚久『図説・電流とはなにか』（講談社ブルーバックス，1989）
13) 志村史夫『ここが知りたい半導体』（講談社ブルーバックス，1994）
14) 岸野正剛『電子はめぐる』（裳華房ポピュラーサイエンス，1998）
15) 山田克哉『光と電気のからくり』（講談社ブルーバックス，1999）
16) 大津元一『光の小さな粒』（裳華房ポピュラーサイエンス，2001）
17) 藤村哲夫『電気発見物語』（講談社ブルーバックス，2002）

なお，〈チョット休憩〉や本文中の人物評伝については以下の辞典を参考にさせていただいた．

18) 『岩波＝ケンブリッジ 世界人名辞典』（岩波書店，1997）
19) 『岩波理化学辞典 第 5 版』（岩波書店，1998）

付録　元素の電子配置

			K	L		M			N				O				P			Q
			1s	2s	2p	3s	3p	3d	4s	4p	4d	4f	5s	5p	5d	5f	6s	6p	6d	7s
1 水　素	(Hydrogen)	H	1																	
2 ヘリウム	(Helium)	He	2																	
ヘリウム核	Helium core		2																	
3 リチウム	(Lithium)	Li	2	1																
4 ベリリウム	(Beryllium)	Be	2	2																
5 ホウ素	(Boron)	B	2	2	1															
6 炭　素	(Carbon)	C	2	2	2															
7 窒　素	(Nitrogen)	N	2	2	3															
8 酸　素	(Oxygen)	O	2	2	4															
9 フッ素	(Fluorine)	F	2	2	5															
10 ネオン	(Neon)	Ne	2	2	6															
ネオン核	Neon core		2	2	6															
11 ナトリウム	(Sodium)	Na	2	2	6	1														
12 マグネシウム	(Magnesium)	Mg	2	2	6	2														
13 アルミニウム	(Aluminum)	Al	2	2	6	2	1													
14 ケイ素	(Silicon)	Si	2	2	6	2	2													
15 リ　ン	(Phosphorus)	P	2	2	6	2	3													
16 硫　黄	(Sulfur)	S	2	2	6	2	4													
17 塩　素	(Chlorine)	Cl	2	2	6	2	5													
18 アルゴン	(Argon)	Ar	2	2	6	2	6													
アルゴン核	Argon core		2	2	6	2	6													
19 カリウム	(Potassium)	K	2	2	6	2	6		1											
20 カルシウム	(Calcium)	Ca	2	2	6	2	6		2											
21 スカンジウム	(Scandium)	Sc	2	2	6	2	6	1	2											
22 チタン	(Titanium)	Ti	2	2	6	2	6	2	2											
23 バナジウム	(Vanadium)	V	2	2	6	2	6	3	2											
24 クロム	(Chromium)	Cr	2	2	6	2	6	5	1											
25 マンガン	(Manganese)	Mn	2	2	6	2	6	5	2											
26 鉄	(Iron)	Fe	2	2	6	2	6	6	2											
27 コバルト	(Cobalt)	Co	2	2	6	2	6	7	2											
28 ニッケル	(Nickel)	Ni	2	2	6	2	6	8	2											
ニッケル核	Nickel core		2	2	6	2	6	10												
29 銅	(Copper)	Cu	2	2	6	2	6	10	1											
30 亜　鉛	(Zinc)	Zn	2	2	6	2	6	10	2											
31 ガリウム	(Gallium)	Ga	2	2	6	2	6	10	2	1										
32 ゲルマニウム	(Germanium)	Ge	2	2	6	2	6	10	2	2										
33 ヒ　素	(Arsenic)	As	2	2	6	2	6	10	2	3										
34 セレン	(Selenium)	Se	2	2	6	2	6	10	2	4										
35 臭　素	(Bromine)	Br	2	2	6	2	6	10	2	5										
36 クリプトン	(Krypton)	Kr	2	2	6	2	6	10	2	6										
クリプトン核	Krypton core		2	2	6	2	6	10	2	6										

37 ルビジウム	(Rubidium)	Rb	2	2	6	2	6	10	2	6			1							
38 ストロンチウム	(Strontium)	Sr	2	2	6	2	6	10	2	6			2							
39 イットリウム	(Yttrium)	Y	2	2	6	2	6	10	2	6	1		2							
40 ジルコニウム	(Zirconium)	Zr	2	2	6	2	6	10	2	6	2		2							
41 ニオブ	(Niobium)	Nb	2	2	6	2	6	10	2	6	4		1							
42 モリブデン	(Molybdenum)	Mo	2	2	6	2	6	10	2	6	5		1							
43 テクネチウム	(Technetium)	Tc	2	2	6	2	6	10	2	6	6		1							
44 ルテニウム	(Ruthenium)	Ru	2	2	6	2	6	10	2	6	7		1							
45 ロジウム	(Rhodium)	Rh	2	2	6	2	6	10	2	6	8		1							
46 パラジウム	(Palladium)	Pd	2	2	6	2	6	10	2	6	10									
パラジウム核	Palladium core		2	2	6	2	6	10	2	6	10									
47 銀	(Silver)	Ag	2	2	6	2	6	10	2	6	10	1								
48 カドミウム	(Cadmium)	Cd	2	2	6	2	6	10	2	6	10		2							
49 インジウム	(Indium)	In	2	2	6	2	6	10	2	6	10		2	1						
50 ス ズ	(Tin)	Sn	2	2	6	2	6	10	2	6	10		2	2						
51 アンチモン	(Antimony)	Sb	2	2	6	2	6	10	2	6	10		2	3						
52 テルル	(Tellurium)	Te	2	2	6	2	6	10	2	6	10		2	4						
53 ヨウ素	(Iodine)	I	2	2	6	2	6	10	2	6	10		2	5						
54 キセノン	(Xenon)	Xe	2	2	6	2	6	10	2	6	10		2	6						
キセノン核	Xenon core		2	2	6	2	6	10	2	6	10		2	6						
55 セシウム	(Cesium)	Cs	2	2	6	2	6	10	2	6	10		2	6			1			
56 バリウム	(Barium)	Ba	2	2	6	2	6	10	2	6	10		2	6			2			
57 ランタン	(Lanthanum)	La	2	2	6	2	6	10	2	6	10		2	6	1		2			
58 セリウム	(Cerium)	Ce	2	2	6	2	6	10	2	6	10	2	2	6			2			
59 プラセオジム	(Praseodymium)	Pr	2	2	6	2	6	10	2	6	10	3	2	6			2			
60 ネオジム	(Neodymium)	Nd	2	2	6	2	6	10	2	6	10	4	2	6			2			
61 プロメチウム	(Prometium)	Pm	2	2	6	2	6	10	2	6	10	5	2	6			2			
62 サマリウム	(Samarium)	Sm	2	2	6	2	6	10	2	6	10	6	2	6			2			
63 ユウロピウム	(Europium)	Eu	2	2	6	2	6	10	2	6	10	7	2	6			2			
64 ガドリニウム	(Gadolinium)	Gd	2	2	6	2	6	10	2	6	10	7	2	6	1		2			
65 テルビウム	(Terbium)	Tb	2	2	6	2	6	10	2	6	10	9	2	6			2			
66 ジスプロシウム	(Dysprosium)	Dy	2	2	6	2	6	10	2	6	10	10	2	6			2			
67 ホルミウム	(Holmium)	Ho	2	2	6	2	6	10	2	6	10	11	2	6			2			
68 エルビウム	(Erbium)	Er	2	2	6	2	6	10	2	6	10	12	2	6			2			
69 ツリウム	(Thulium)	Tm	2	2	6	2	6	10	2	6	10	13	2	6			2			
70 イッテルビウム	(Ytterbium)	Yb	2	2	6	2	6	10	2	6	10	14	2	6			2			
71 ルテチウム	(Lutetium)	Lu	2	2	6	2	6	10	2	6	10	14	2	6	1		2			
72 ハフニウム	(Hafnium)	Hf	2	2	6	2	6	10	2	6	10	14	2	6	2		2			
73 タンタル	(Tantalum)	Ta	2	2	6	2	6	10	2	6	10	14	2	6	3		2			
74 タングステン	(Tungsten)	W	2	2	6	2	6	10	2	6	10	14	2	6	4		2			
75 レニウム	(Rhenium)	Re	2	2	6	2	6	10	2	6	10	14	2	6	5		2			
76 オスミウム	(Osmium)	Os	2	2	6	2	6	10	2	6	10	14	2	6	6		2			
77 イリジウム	(Iridium)	Ir	2	2	6	2	6	10	2	6	10	14	2	6	7		2			
78 白 金	(Platinum)	Pt	2	2	6	2	6	10	2	6	10	14	2	6	9		1			
白金核	Platinum core		2	2	6	2	6	10	2	6	10	14	2	6	10					
79 金	(Gold)	Au	2	2	6	2	6	10	2	6	10	14	2	6	10		1			
80 水 銀	(Mercury)	Hg	2	2	6	2	6	10	2	6	10	14	2	6	10		2			
81 タリウム	(Thallium)	Tl	2	2	6	2	6	10	2	6	10	14	2	6	10		2	1		
82 鉛	(Lead)	Pb	2	2	6	2	6	10	2	6	10	14	2	6	10		2	2		
83 ビスマス	(Bismuth)	Bi	2	2	6	2	6	10	2	6	10	14	2	6	10		2	3		
84 ポロニウム	(Polonium)	Po	2	2	6	2	6	10	2	6	10	14	2	6	10		2	4		
85 アスタチン	(Astatine)	At	2	2	6	2	6	10	2	6	10	14	2	6	10		2	5		
86 ラドン	(Radon)	Rn	2	2	6	2	6	10	2	6	10	14	2	6	10		2	6		
ラドン核	Radon core		2	2	6	2	6	10	2	6	10	14	2	6	10		2	6		
87 フランシウム	(Francium)	Fr	2	2	6	2	6	10	2	6	10	14	2	6	10		2	6		1
88 ラジウム	(Radium)	Ra	2	2	6	2	6	10	2	6	10	14	2	6	10		2	6		2
89 アクチニウム	(Actinium)	Ac	2	2	6	2	6	10	2	6	10	14	2	6	10		2	6	1	2
90 トリウム	(Thorium)	Th	2	2	6	2	6	10	2	6	10	14	2	6	10		2	6	2	2
91 プロトアクチニウム	(Protactinium)	Pa	2	2	6	2	6	10	2	6	10	14	2	6	10	2	2	6	1	2

92	ウラン	(Uranium)	U	2	2	6	2	6	10	2	6	10	14	2	6	10	3	2	6	1	2
93	ネプツニウム	(Neptunium)	Np	2	2	6	2	6	10	2	6	10	14	2	6	10	4	2	6	1	2
94	プルトニウム	(Plutonium)	Pu	2	2	6	2	6	10	2	6	10	14	2	6	10	5	2	6	1	2
95	アメリシウム	(Americium)	Am	2	2	6	2	6	10	2	6	10	14	2	6	10	6	2	6	1	2
96	キュリウム	(Curium)	Cm	2	2	6	2	6	10	2	6	10	14	2	6	10	7	2	6	1	2
97	バークリウム	(Berkelium)	Bk	2	2	6	2	6	10	2	6	10	14	2	6	10	9	2	6		2
98	カリホルニウム	(Californium)	Cf	2	2	6	2	6	10	2	6	10	14	2	6	10	10	2	6		2
99	アインスタイニウム	(Einsteinium)	Es	2	2	6	2	6	10	2	6	10	14	2	6	10	11	2	6		2
100	フェルミウム	(Fermium)	Fm	2	2	6	2	6	10	2	6	10	14	2	6	10	12	2	6		2
101	メンデレビウム	(Mendelevium)	Md	2	2	6	2	6	10	2	6	10	14	2	6	10	13	2	6		2
102	ノーベリウム	(Nobelium)	No	2	2	6	2	6	10	2	6	10	14	2	6	10	14	2	6		2
103	ローレンシウム	(Lawrencium)	Lr	2	2	6	2	6	10	2	6	10	14	2	6	10	14	2	6	1	2

索　引

■欧　文

A モード　92
α 粒子　94
B モード　93
BCS 理論　70,73,75
BNN　171
C モード　93
CO_2 レーザー　169
EL　162
FET　136
He-Ne レーザー　169
IC　138
LED　163
LSI　137
MIS　91
MIS 構造　135
MOS　91
MOS キャパシター　135
MOS 構造　135
MOS トランジスター　137
n 型半導体　125,127,129
n チャンネル　138
　—— MOS トランジスター　138
nMOS　138
npn 型トランジスター　133
p 型半導体　126,129
PEM 効果　153
pMOS　138
pn 接合　127,133
　——半導体ダイオード　132
　——光起電力効果　153,154
pn 接合面　128
pnp 型トランジスター　133
X 線　15
YAG　171
YAG レーザー　169
YAG：Nd^{3+}レーザー　171

■あ　行

相性　70
アインシュタイン　76,149
アーヴィン　117
　——曲線　117
アクセプター　110,122,124,126
アクセプター準位　124
アクセプター・レベル　124
アース　135
圧電現象　96
圧電効果　88
圧電材料　88,89
アトモス　13
アルカリ金属　62,151
アルゴンガス　161
アルゴン・レーザー　169
アンペア　51
アンペール　8

イオン　9
イオン結合　29,82
イオン結晶　83
イオン半径　81
イオン分極　79,82,83
位相　166
位置エネルギー　19,39
一次結合　29
一次電子　145
イットリウム・アルミニウム・ガーネット　171
移動距離　52
移動度　53,105,110,120
易動度　53,105
異方性　38
陰イオン　9,82
インコヒーレント　166

運動エネルギー　19

永久双極子モーメント　83
液体　36
液体窒素　68
液体レーザー　168
エジソン　144
　——効果　144
エネルギー・ギャップ　61,62,72,100,123,158,165
エネルギー準位　17,116
　——の分裂　43
エネルギー帯　44,55,61
　——構造　62,163
　——図　102,152,153,159
エネルギー・バンド　44
エピタキシャル成長　128
エミッター　133
　——接合　133
エールステッド　8
エレクトロニクス　1,99,125
エレクトロニクス材料　116
エレクトロニクス文明　138
エレクトロン　8

オネス　65
オプトエレクトロニクス　75,138
オーム　8,51
　——の法則　51,54
音響素子　89
音子　70
温度依存性　60
温度係数　144

■か　行

外因性半導体　111,116,117
外殻電子軌道　44
外部磁界　25
外部電界　83
化学結合　24,29
化学の時代　3
可干渉性の　167

殻　24
角運動量　18,25
拡散係数　109,110
拡散現象　49,107,128
拡散光起電力効果　153
拡散成分　109
拡散電流　107,109,129,130,134
核力　45,70
化合物半導体　164,172
化石燃料　3
活性化剤　161
活性化剤準位　162
価電子　29,34,100
価電子帯　60,62,93,100,102,103,111
——の実効状態密度　111
荷電粒子　24
ガラス・レーザー　169
ガリウム・ヒ素　62,116
咸宜園　75
間接再結合　116
間接遷移型　163
間接遷移型半導体　164
完全結晶　65,69
完全導電性　65,68
緩和時間　63,64,69

機械的エネルギー　89
機械的破壊　93
機械的劣化　94
気化熱　68
キセノンランプ　170
気体　36
気体レーザー　168
基底準位　170
基底状態　20,166
起電力　154
軌道混成　32
機能材料　4
基本粒子　14
キャパシター　136
逆圧電効果　89
逆方向電界　85
逆方向バイアス　131,133
キャリア　48,64,69,101,115,141,152
——の移動度　106
キャリア密度　130
吸収効率　158
吸収帯　170
キュリー　86
キュリー温度　85,90,96
キュリー夫人　96
キュリー・ワイス定数　86
キュリー・ワイスの法則　85,86
共振器　168
強電界　146
共有結合　29,121
強誘電材料　77
強誘電体　84
強誘電体結晶　96
局部的絶縁破壊　94
許容帯　56,59
ギルバート　8
禁止帯　60
禁制帯　59,93,102,104,114
金属　52,55,62,78
金属結合　29,34
金属光沢　35
金属陽イオン　52,79

空帯　93,100,102
空乏層　130
クオーク　14
クーパー　70,73
クーパー対　70,72
——隊列　72
クーパー・ペア　70
クラーク　75
クリスマス講義　10
クリーン・エネルギー　155
グルオン　14
グールド　173
クーロン　9
クーロン反発力　70
クーロン力　17,70,121

螢光　158,159,161
螢光体　161
螢光灯　160
珪石　96
ゲージ粒子　14
結合　14
結合エネルギー　30
結合距離　30
結晶　36,37
結晶欠陥　64
結晶格子　37
結晶組織　66
結晶表面　56
結晶面　38
結晶粒界　66
ゲート　92,137
ゲート電圧　92,137,138
原子　13,14
原子核　13,14,81
原子内のエネルギー準位　39
原子配列　55
原子半径　81
原子番号　27
元素周期表　118
元素半導体　164

高温超伝導　73
高温超伝導体　67
高輝度電子ビーム　148
光子　28,72,149
格子運動　59
格子欠陥　64,69
格子散乱　105
格子振動　63,79,85
高集積回路　77,137
構造材料　4
光速　151
高速熱電子　161
高調波　171
抗電界　85
光電効果　143,148,149
光電効率　151
光電子　143
光電子放出　143
光伝導現象　152
光伝導セル　152
光伝導物質　152
光電特性　151
光電変換装置　154
光電放出効率　151
光電流　143
光導電現象　152
交流　131
光量子　148
黒曜石　96
古事記　96
固体　36
固体デバイス　99

固体内のエネルギー準位　43
固体レーザー　168,170
固定電荷　126
古典物理学　15
コハク　8
コヒーレント　167
コレクター　133
コレクター接合　133
コレクター電流　134
混成軌道　32
コンデンサー　77,79,136
コンパクトディスク　168

■さ　行

再結合　115,163
再結合中心　116
最高吸収効率　156
最大効率　158
ザイツ　93
――の 40 世代理論　93
札幌農学校　75
酸化物　67,68,74,136
酸化物高温超伝導体　74
酸素八面体　74
散乱　64
散乱体　64
残留抵抗　64
残留抵抗率　64
残留分極　85

紫外線　94,161
しきい値　171
しきい値振動数　148,149
磁気モーメント　25
磁気量子数　24
指向性　34
仕事関数　142,144,149
自然放出　166
自然放出光　166,168
実用的超伝導材料　68
自発分極　84,87
ジャック・キュリー　96
周期性　26
周期表　27
集積回路　99,138
自由電子　19,34,48,52,56,61,63,78,100
自由電子群　35
充満帯　62,93,100,104,111
酒石酸カリウム・ナトリウム　96
シュリーファー　73,75
主量子数　24
ジュール　94
ジュール熱　94
シュレーディンガー　22
――の波動方程式　23
準安定準位　170
順方向バイアス　131,133,163
松下村塾　75
照射エネルギー　149
照射光　160
少数キャリア　125,136,163
焦電気係数　90
焦電効果　88,89
焦電体　90
常伝導　66
常伝導状態　66,71
常誘電相　85
ショックレイ　139
シリコン　31,40,100,116,118,125,155
――の誘電率　121
シリコンウエーハ　92
シリコン材料　93
シリコン酸化膜　91
磁力　8
真空管　99,138
真空準位　142
真空の誘電率　79,121
真性キャリア　111,112,115,126,129,152
真性キャリア密度　106,111,125
真性抵抗率　116
真性半導体　106,110,117,125
振動数　16

水圧　49
水位差　49
水銀蒸気　161
水晶　89
燧石　96
ストークス　160
――の法則　160
スピン　25
スピン量子　70
スピン量子数　25,72

正孔　9,100,127,152,154
――の移動度　105
正孔伝導　101
正孔電流　106
正四面体構造　33
正電圧　135
静電引力　42
正電荷　48,78,100
正電荷体　48
静電容量　80
正の固定電荷　129
正の電荷　8
整流器　131
整流作用　131
整流性　131
石英　96
析出物　66
石炭乾留工業　3
石油化学工業　3
絶縁性　77,90
絶縁体　3,49,61,62,74,77,78,90,100,134
絶縁特性　90
絶縁破壊　90,93,94
絶縁破壊耐圧特性　91
絶縁破壊電界　92
絶縁劣化　94
絶対温度　57
絶対零度　59
接地　135
セラミックス　67,68,74
遷移　141
遷移領域　58
全電流密度　110

双極　134
双極子モーメント　79,81
双極性　136
相対性理論　149
相対誘電率　80
相転移　87
増幅　168
増幅作用　134
相補性　70
ソース　137
素粒子　14

素粒子論 45
存在確率 25,58
存在確率分布 24

■た 行

ダイオード 132
対称粒子 28
耐絶縁破壊性 91
第2高調波 171
ダイヤモンド構造 37
太陽電池 155,157
隊列 72
タウンズ 173
多結晶 36
多数キャリア 117,126,136
脱励起 158
単位格子 37
単一ヘテロ接合 172
単極性 136
タングステン・ヨードランプ 171
単結晶 36
担体 101
タンタル酸リチウム 87

チタン酸バリウム 86
チャンネル 138
中間子 14,45,70
中間子理論 45
中性n型領域 129
中性p型領域 129
中性子 14,45
注入型電界発光 163
超音波振動子 89
超高集積回路 91
超伝導 63,65,66
超伝導エネルギー・ギャップ 72
超伝導状態 65,69,71
超伝導体 66,68
直接再結合 116
直接遷移型 163
直接遷移型半導体 164
直流 132

ツェナー 93
ツェナー効果 93
ツェナー破壊 94

デイヴィ 8
抵抗 50
抵抗率 3,51,54,63,118
定在波 21
ディラック 56
適塾 75
デバイ温度 63
電圧 49,78,90,120,142
電圧出力係数 88
転移 66
電位差 49,142,154
電位障壁 128,129,134
電荷 8,80
電界 52,81,90,154
電界効果トランジスター 135,138
電界-電流特性 90
電界発光 162
電界放出 146
点火装置 96
電荷対 79
電荷二重層 130
添加物 110,117
電荷分布 78
電荷量 9
電気 7
電気回路素子 138
電気化学劣化 95
電気現象 9
電気素量 9
電気抵抗 50,64
——の温度依存性 63
電気抵抗率 68
電気的エネルギー 89
電気的双極子 78,79
電気的中性 49,129
電気・電子的劣化 94,95
電気伝導 19,48,51,52,60,101
電子 1,9,14,20
——の移動度 105
——の散乱 68
電子雲 22,44,81
電子軌道 24,102
電子顕微鏡 22,148
電子材料 1,2,5
電子銃 146
電子・正孔対 94,115
電子線回折 22

電子隊列 68
電子対 70
電子対形成機構 73
電子的破壊 93
電子なだれ 93
電子波 21,24
電磁波 16
電子配置 27
電子物性 13
電子分極 79,81
電子分極率 81
電子放射 143
電子放出 93,141,142
電磁誘導 10
電磁理論 16
電子レンジ 173
伝導帯 56,60,100,103,111
——の実効状態密度 111
伝導電子 48,56,63,69,100,121,126,152,154
伝導電子隊列 72
伝導電子電流 106
電場 55
デンバー効果 153
電離エネルギー 20
電離作用 95
電流 48,78,101
電流密度 54,63,104

透過率 148
等速円運動 16
導体 3,52,55,61,78,100
導電性 35,47,51,93
導電率 51,54,105
等方性 38
特殊相対性理論 149
特性温度 86
時計用振動子 89
ドナー 110,120,125
ドナー準位 122
ドナー・レベル 122
ドーパント 116,117
ドーパント濃度 119,125
ドーピング 117,118,125
トフラー 1
ド・ブロイ 21
トムソン 15,75
ドメイン 85
トラップ準位 116

トランジスター　3,99,133,138
トランジスター・ラジオ　139
ドリフト速度　53
ドリフト電流　54,106,107,130
ドリフト電流密度　106
ドルトン　15
ドレイン　137
トンネル効果　93,146
トンネル電流　93

■な　行

内因性半導体　111,117
ナトリウム　40

ニオブ酸リチウム　88
二極真空管　132
二酸化シリコン　62
二次結合　29
二次電子　145
二次電子増倍管　146
二次電子放出　145
二次電子放出効率　145
二次電子利得　145
二重ヘテロ接合　173
日本国際賞　75

熱エネルギー　59
熱散乱　105
熱振動　64
熱的破壊　93,94
熱的劣化　94
熱電子　144
熱電子管　139
熱電子電流　145
熱電子電流密度　144
熱電子放出　143
熱電子放出物質　144
熱伝導性　35

濃度　108
能動イオン　168
濃度勾配　109
ノルトハイム　94

■は　行

配向　83,87
配向分極　79,83,84
ハイゼンベルク　45
バイポーラー　135
バイポーラー・トランジスター　132,133
パウリの排他律　26,71
パーキン　3
薄膜結晶　128
波数　163
バゾフ　173
発光　158
発光現象　141,158,166,168
発光効率　165,172
発光スペクトル　161
発光層　162
発光素子　168
発光ダイオード　75,163,165,168,172
発光中心　160,162
発振出力　171
発振波長　170
バーディーン　73,75,139
波動関数　22,147
波動性　20,73
波動方程式　23
波動力学　22
半絶縁性半導体　62,116
反対称粒子　28
反転層　136,137
半導体　3,61,62,99,100,134
　——の抵抗率　125
半導体エレクトロニクス　62
半導体素子　127
半導体ダイオード　132
半導体レーザー　168,169,171
バンド・ギャップ　60
バンド図　43,60

火打石　95
ピエゾ効果　88
ピエール・キュリー　96
光エレクトロニクス　141
光起電力効果　153,155
光照射　143
光通信　138,168,173
光電磁効果　153
光の吸収係数　158
光反射率　152
光ポンピング　170
非局在電子　34
非結晶　36
ヒステリシス　85
ヒステリシス曲線　84
歪みゲージ　89
比抵抗　51
非放射遷移　170
比誘電率　80,87
　——の温度依存性　87
表面ポテンシャル　142,147

ファラデイ　8,10
　——の法則　95
ファン・デル・ワールス結合　29
フィック　109
　——の第1法則　109
フェルミ　56
フェルミオン　28
フェルミ準位　57,58,142,154
フェルミ・ディラック分布関数　57,114
フェルミ分布　57,58,112
フェルミ粒子　28,69,72
フォウラー　94
フォウラー・ノルトハイム型トンネル電流　94
フォトダイオード　154,155
フォトトランジスター　154
フォトン　28,72,149
フォノン　70
フォノン機構　72,73
不確定性原理　69,79
不可分割素　13
不純物　64,69
不純物半導体　117
物質科学　75
物質波　21,24
沸点　68
物理の時代　3
負電圧　135
負電荷　48,78,100
負電荷体　48
不導体　49
負の固定電荷　129
負の電荷　8
部分放電劣化　95

ブラヴェ格子 37
ブラウン運動 149
ブラッテン 139
プランク 19
プランク定数 17
フランクリン 8
古橋広之進 45
プロホロフ 173
分域 85
分極 78,79
分極-電界特性曲線 84
分子内のエネルギー準位 41
分布関数 58

閉殻構造 34
平均自由時間 63
ベース 133
ヘテロ接合 172
ベドノルツ 67
ヘリウム 68
ヘルツ 148
ペロブスカイト 74
ペロブスカイト構造 74,87
変位分極 83
変換効率 156,157
変形ペロブスカイト構造 74

ボーア 17
——の水素原子モデル 19
——の量子条件 20
方位量子数 24
放射線 94
放射線損傷 95
放射線劣化 95
放射体材料 144
ホウ素 118,122
放電 95,96
放電劣化 95
飽和 84
捕獲準位 116,160
ボーズ粒子 28,72
ボソン 28
ホモ接合 172
ホール 9,100
ボルツマン定数 57
ボルト 51
ホロニアック 75

■ま 行

マイクロエレクトロニクス 91
マイクロチップ 99
マイスナー 66
マイスナー効果 66
マクロ世界 14
摩擦電気 8
マリー・キュリー 96

ミクロ世界 15
ミュラー 67

無極性分子 83

メカニカルフィルター 89
メーザー 173

漏れ電流 90

■や 行

八木秀次 46
ヤグ 171

有核原子構造モデル 15
有極性分子 83
有極性誘電体 83
誘電性 77
誘電体 77,79,81,90
誘電体薄膜 91
誘電特性 78
誘電分極 79
誘電率 18,78,79
——の温度依存性 87
誘導光 166,168
誘導放出 166,170
誘導放出光 166,168
湯川秀樹 45
湯川理論 70
ユニポーラー 136

陽イオン 9,34,82
陽子 14,45
吉田松陰 75

■ら 行

ライデン瓶 8
ラザフォード 15,75
ラボアジェ 15

リーク電流 90
リチャードソン 144
リチャードソン効果 144
立方晶系 87
リニア・モーター・カー 66
硫化カドミウム 152
粒子性 73
流束 109
両極性伝導 100,101,102,104,106
量子 19
量子化 103
量子仮説 19
量子効果 148
量子物理学 15
量子力学 22
量子論 69
量子論的粒子 73,79
履歴現象 85
リン 118,120
臨界温度 65,68
臨界磁場 66
臨界電流密度 66
燐光 158,160

ルビー 170
ルビー・レーザー 169,170
ルミネッセンス 158,159

冷陰極放出 146
励起 102,141,158
励起光 160,168
励起状態 20,166
レーザー 75,138,167
レーザー光 141,167
レーザー光発振 170
レーザー媒質 168
レーダー 139,173
レベデフ 173
レントゲン 15

ロウソクの科学 10
ロッシェル塩 96

著者略歴

志村史夫（しむら・ふみお）

1948年　東京・駒込に生まれる
1974年　名古屋工業大学大学院修士課程修了（無機材料工学）
1982年　工学博士（名古屋大学・応用物理）
現　在　静岡理工科大学教授，ノースカロライナ州立大学併任教授

〈したしむ物理工学〉
したしむ電子物性

定価はカバーに表示

2002年 9月 22日　初版第1刷
2017年 2月 10日　第11刷

著　者　志　村　史　夫
発行者　朝　倉　誠　造
発行所　株式会社　朝　倉　書　店

東京都新宿区新小川町 6-29
郵便番号　162-8707
電　話　03(3260)0141
FAX　03(3260)0180
http://www.asakura.co.jp

〈検印省略〉

Printed in Korea

ISBN 978-4-254-22767-3　C 3355